南海岛礁渔业资源丛书

西沙群岛 七连屿珊瑚礁 鱼类图谱

王 腾 刘 永 李纯厚 陈作志/主编

中国农业出版社
北 京

图书在版编目 (CIP) 数据

西沙群岛七连屿珊瑚礁鱼类图谱 / 王腾等主编. —
北京：中国农业出版社，2022.10
ISBN 978-7-109-29946-7

Ⅰ.①西…　Ⅱ.①王…　Ⅲ.①西沙群岛－鱼类－图谱
Ⅳ.①Q959.408-64

中国版本图书馆CIP数据核字 (2022) 第163051号

西沙群岛七连屿珊瑚礁鱼类图谱
XISHA QUNDAO QILIANYU SHANHUJIAO YULEI TUPU

中国农业出版社出版
地址：北京市朝阳区麦子店街18号楼
邮编：100125
责任编辑：杨晓改　　文字编辑：蔺雅婷
版式设计：杜　然　　责任校对：吴丽婷
印刷：北京通州皇家印刷厂
版次：2022年10月第1版
印次：2022年10月北京第1次印刷
发行：新华书店北京发行所
开本：880 mm×1230 mm 1/16
印张：16.25
字数：400 千字
定价：188.00 元

　　七连屿位于我国南海西沙宣德群岛东北部，由赵述岛、西沙洲、北岛、中岛、南岛、北沙洲、中沙洲、南沙洲、西新沙洲、东新沙洲等 10 座岛屿和沙洲组成，属于典型的珊瑚礁生态系统，具有独特的珊瑚礁生态系统特征，是西沙群岛珊瑚种类和数量分布最为丰富的区域之一，分布有我国现存珊瑚礁中最古老、最原始、最珍贵的珊瑚礁。

　　《西沙群岛七连屿珊瑚礁鱼类图谱》鉴定和收录了我国西沙七连屿珊瑚礁鱼类 220 种，隶属于 10 目 43 科；记录了每种鱼类的生物量、形态特征、分布范围和生态习性等，提供了多种鱼类不同生长阶段不同形态特征的图片，编目了七连屿珊瑚礁鱼类名录。这部图谱图文并茂，是作者及其团队在"十三五"国家重点研发计划项目支持下，2018—2020 年对西沙七连屿珊瑚礁鱼类生物多样性调查和研究最新成果的详细呈现。

　　该图谱有很好的应用和学术价值，为我国珊瑚礁生态系统的保护、修复和管理提供了科学的基础知识，将进一步促进我国珊瑚礁鱼类多样性的研究，推动这一领域的科技进步。

中国工程院院士 唐启升

2021 年 6 月 1 日

前　言

　　珊瑚礁是海洋中的热带雨林，面积不到海洋面积的千分之一，物种数却超过了海洋生物的 25%，珊瑚礁鱼类更是多达 5 000 ~ 8 000 种。珊瑚礁鱼类依赖珊瑚礁而生存，珊瑚礁生态系统也因珊瑚礁鱼类的存在而更加健康稳定。珊瑚礁中的草食性鱼类是珊瑚礁生态系统中最为关键的生物，它们通过摄食海藻而给珊瑚提供更广阔的生存空间，为珊瑚虫乃至更多与珊瑚礁相关的生物群系提供舒适的繁殖和栖息空间，进而提高珊瑚礁生态系统的生物多样性。草食性鱼类的减少将会导致珊瑚礁生态系统由珊瑚主导向藻类主导演变。

　　西沙群岛珊瑚礁鱼类衰退明显，七连屿鱼类密度从 2005 年到 2013 年呈现大幅度下降趋势：北岛由 3.00 尾 /m² 下降到 1.05 尾 /m²，西沙洲从 2.35 尾 /m² 下降到 0.85 尾 /m²，赵述岛从 2.85 尾 /m² 下降到 1.43 尾 /m²。生境的破坏是珊瑚礁鱼类衰退的重要因素之一，特别是礁栖性鱼类的衰亡。西沙群岛海域在 2007—2008 年大面积暴发长棘海星，导致珊瑚礁大面积白化，进而造成珊瑚礁鱼类衰退。另一个导致珊瑚礁鱼类衰退的因素是过度捕捞。高强度的捕捞活动导致肉食性、大型鱼类大量衰退，鱼类出现小型化，肉食性鱼类主导的生态系统向草食性鱼类主导的生态系统演替。因此，当今急需对珊瑚礁鱼类实施研究、管理和保护，珊瑚礁鱼类的分类和鉴定是全面了解珊瑚礁渔业知识的首要任务。

　　为了更好地保护和管理西沙群岛七连屿珊瑚礁鱼类，研究团队从 2018 年开始，连续 5 年

对这一区域的鱼类进行了监测，获取了 15 000 多尾鱼类样本，并进行了解剖、种类鉴定和部分拍摄，最终形成了本书。本书共收录 43 科 220 种鱼类，描述了这些鱼类的别名、形态特征、分布范围和生态习性等，并总结了七连屿珊瑚礁鱼类的名录及其初步的生物量情况。

本书不仅是一本适合潜水爱好者及普通大众的参考书，也可以作为科研人员的分类鉴定图鉴。本书在编撰过程中重点参考了台湾鱼类资料库，在此进行特别说明。

本书得到了国家重点研发计划项目 (2018YFD0900803)、海南省自然科学基金创新研究团队项目 (322CXTD530)、南方海洋科学与工程广东省实验室 (广州) 人才团队引进重大专项 (GML2019ZD0605)、广东省基础与应用基础研究重大项目课题 (2019B030302004-05)、国家重点研发计划项目 (2019YFD0901204、2019YFD0901201)、广东省科技计划项目 (2019B121201001)、农业农村部财政专项 (NFZX2021)、中国水产科学研究院基本科研业务费项目 (2020TD16) 和中国水产科学研究院南海水产研究所中央级公益性科研院所基本科研业务费专项资金项目 (2021SD04、2019TS28) 等项目的资助。

由于时间有限，书中难免存在不足之处，敬请各位读者批评指正。

编 者

2022 年 5 月

目录 CONTENTS

一、鰻鱺目

1. 爪哇裸胸鳝
Gymnothorax javanicus (Bleeker，1859)

【英 文 名】Giant moray

【别　　名】钱鳗、薯鳗、虎鳗、糯鳗

【形态特征】体延长而呈圆柱状，尾部侧扁。上、下颌尖长，略呈钩状；颌齿单列，犁骨齿 1 ～ 2 列。脊椎骨数 140 ～ 143。头上半部有许多碎黑斑点，体侧有 3 ～ 4 列黑色大斑，间隔以淡褐色网状条纹，随成长其大斑中心产生若干淡色的小斑，鳃孔及其周围为黑色。

【分布范围】分布于印度洋—太平洋海域，西起红海、东非，东至马克萨斯群岛及皮特凯恩群岛，北到日本及夏威夷群岛，南至新喀里多尼亚；在我国主要分布于台湾海域。

【生态习性】主要栖息于浅海珊瑚、岩礁的洞穴及隙缝中。分布水深为 0 ～ 50 m，最大全长 300 cm。

2. 斑点裸胸鳝
Gymnothorax meleagris (Shaw，1795)

【英 文 名】Turkey moray

【别　　名】钱鳗、薯鳗、虎鳗、糯鳗、米鳗

【形态特征】体延长而呈圆柱状，尾部侧扁。上、下颌尖长，略呈钩状；上颌齿有 3 列。脊椎骨数 126 ～ 128。口内皮肤为白色，体底色深棕略带紫色，其上满布深褐色边的小黄白点，该圆点大小不会随个体增长而明显变大，但会增多。鳃孔为黑色，尾端为白色。

【分布范围】分布于印度洋—太平洋海域，西起红海、东非，东至马克萨斯群岛，北至日本，南至澳大利亚及豪勋爵岛等海域；在我国主要分布于东海及台湾海域。

【生态习性】主要栖息于珊瑚礁茂盛之潟湖或沿岸礁区。分布水深为 1 ～ 51 m，最大全长 120 cm。

3. 波纹裸胸鳝
Gymnothorax undulatus (Lacepède，1803)

【英 文 名】Undulated moray

【别　　名】波纹裸胸鯙、钱鳗、薯鳗、虎鳗、糯鳗、青痣、青头仔

【形态特征】体延长而呈圆柱状，尾部侧扁。背鳍起点约在口裂和鳃孔间。脊椎骨数 131 ~ 133。体黑褐色，头部黄色，身体满布白色波浪状的交错纹线，花纹延伸到背鳍、臀鳍及尾鳍部分。

【分布范围】分布于印度洋—泛太平洋海域，西起红海、东非，东至法属波利尼西亚、哥斯达黎加及巴拿马，北至日本、夏威夷群岛，南至澳大利亚大堡礁等海域；在我国主要分布于东海南部、南海及台湾海域。

【生态习性】主要栖息于潟湖或浅海珊瑚、岩礁的洞穴及隙缝中。分布水深为 1 ~ 110 m，最大全长 150 cm。

4. 豆点裸胸鳝

Gymnothorax favagineus **Bloch & Schneider，1801**

【英 文 名】Laced moray

【别　　名】黑斑裸胸鯙、钱鳗、薯鳗、虎鳗、糯鳗、大点花（澎湖）、花点仔、花鳗

【形态特征】体延长而呈圆柱状，尾部侧扁。吻圆；上、下颌略呈钩状。牙尖；上、下颌齿单列，颌间齿单列，犁骨齿在大型个体上由前向后由单列逐渐变为双列。脊椎骨数 139～143。本种体色由白、灰白至灰褐色；体表具许多圆黑斑点，斑点的直径随着鱼体成长并不显著地增大，而是斑点数量增加；头部斑点密度较高，且常形成类似蜂巢状的斑纹。斑点数量和斑点间隔有相当大的变异。

【分布范围】广泛分布于印度洋—西太平洋温暖海域，如南非、红海、阿曼、马尔代夫、印度尼西亚、日本、菲律宾、澳大利亚大堡礁等海域；在我国主要分布于东海南部及南海。

【生态习性】主要栖息于浅海珊瑚、岩礁的洞穴及隙缝中。分布水深为 1～50 m，最大全长 300 cm。

5. 白缘裸胸鳝
Gymnothorax albimarginatus (Temminck & Schlegel, 1846)

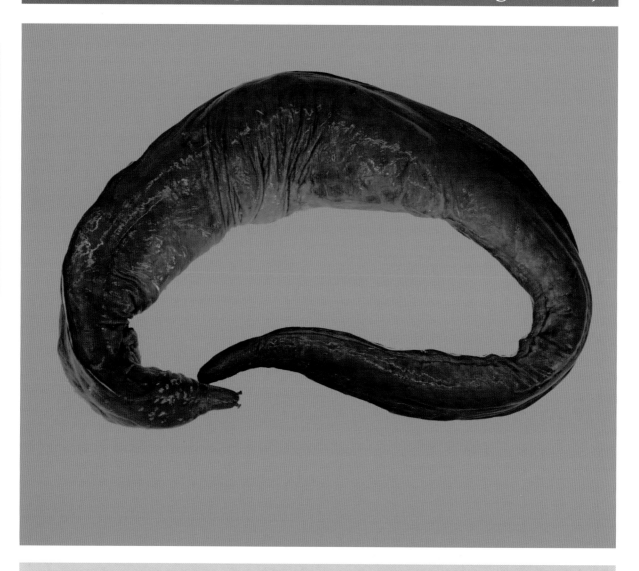

【英 文 名】Whitemargin moray

【别　　　名】钱鳗、薯鳗、虎鳗、白边裸胸鲟

【形态特征】体延长而呈圆柱状，尾部侧扁；尾长约较头及躯干略长或相等。吻较短，且较不弯曲。背鳍与臀鳍发育正常，前者起点在鳃孔以前。后鼻孔为短管状，或者边缘平坦无突出。脊椎骨数 171 ~ 181。体一致呈灰褐色至茶褐色，背鳍及臀鳍具白缘；70 cm 以下之鱼体于背鳍前之头背部具暗色鞍状斑。

【分布范围】主要分布于西太平洋海域，包括夏威夷、日本及中国；在我国主要分布于台湾海域。

【生态习性】主要栖息于较深的沿岸水域。分布水深为 6 ~ 180 m，最大全长 105 cm。

6. 花斑裸胸鳝

Gymnothorax pictus (Ahl，1789)

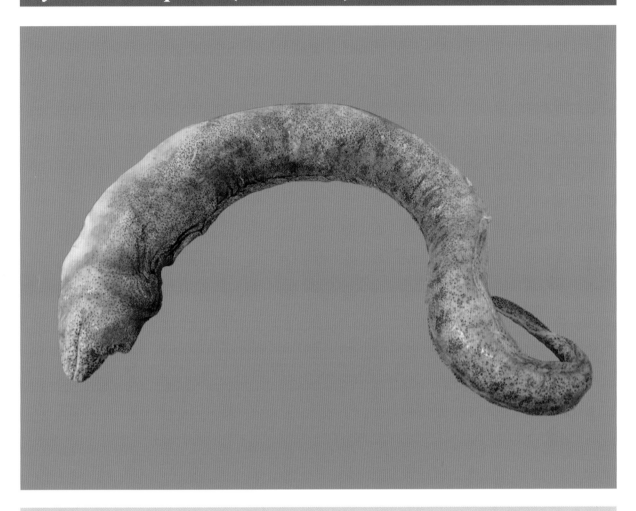

【英 文 名】Paintspotted moray

【别　　名】钱鳗、薯鳗、虎鳗

【形态特征】鱼体较为延长；吻部较钝。牙齿呈圆锥状，犁骨齿2列。体色及斑纹随年龄增加而有变异。脊椎骨数127～133。成鱼体底色白，且其上满布褐色不定形斑点，头部的斑点小于眼径，身体部分则或聚集成大块碎斑；幼鱼之底色为白，其上布有眼径大小的C形黑斑，不规则地排成若干纵列，且随成长而列数增加，腹部前较白。

【分布范围】分布于印度洋—太平洋海域，西起东非，东至利隆群岛，北至日本南部，南至澳大利亚等海域；在我国主要分布于台湾海域。

【生态习性】主要栖息于沿岸珊瑚、岩礁隙缝中；经常将挺起的身体前半部露出洞穴外。分布水深为5～100 m，最大全长140 cm。

7. 鞍斑裸胸鳝

Gymnothorax rueppelliae (McClelland，1844)

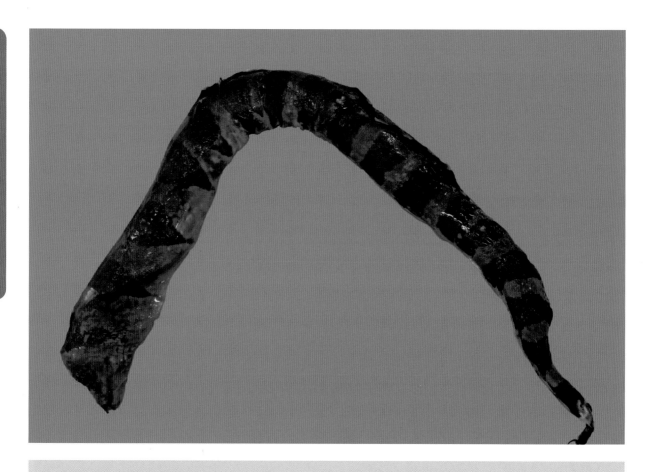

【英文名】Banded moray

【别　　名】宽带裸胸鯙、钱鳗、薯鳗、虎鳗、糯鳗

【形态特征】体延长而呈圆柱状，尾部侧扁。吻部尖长。牙尖；颌齿及犁骨齿单列，上颌口内眼窝部有 3 ~ 4 个长尖牙。脊椎骨数 132 ~ 135。体色为淡褐至白色。体侧具有 15 ~ 19 条褐色环带；在头部和躯干前方的环带在腹部不衔接，或仅略微衔接。暗褐色环带的宽度和环带间隔相当；大型标本由于环带间隔的颜色逐渐加深，环带愈不明显。嘴角有黑痕；前鼻管黑色；口内部皮肤黑色。活体成鱼头顶部为黄色。

【分布范围】分布于印度洋—太平洋海域，西起红海、东非，东至夏威夷群岛、土阿莫土群岛及马克萨斯群岛，北至日本，南至澳大利亚等海域；在我国主要分布于东海南部、南海及台湾海域。

【生态习性】栖息于礁区、近海沿岸、潟湖、礁沙混合区。分布水深为 1 ~ 40 m，最大全长 80 cm。

8. 密点裸胸鳝
Gymnothorax thyrsoideus (Richardson，1845)

【英 文 名】Greyface moray

【别　　名】钱鳗、薯鳗、虎鳗、糯鳗、纺车索

【形态特征】鱼体较为延长；吻部较钝。牙齿为圆锥状；上颌齿、犁骨齿和下颌齿前侧 2 列。脊椎骨数 129 ~ 134。底色为黄褐色，周身密布暗褐色的小点；头前半部无斑点且较身体部位颜色深。眼虹彩为纯白色，瞳孔的直径较其他种裸胸鳝类小；鳃孔的颜色较深。部分在福尔马林液中保存的标本，体表会包覆一层绿色的物质。

【分布范围】分布于印度洋—太平洋海域，西起圣诞岛，东至法属波利尼西亚，北至日本南部，南至汤加等海域；在我国主要分布于东海南部、南海及台湾海域。

【生态习性】主要栖息于潮间带及亚潮带的珊瑚、岩礁隙缝中；经常将挺起的身体前半部露出洞穴外。分布水深为 0 ~ 30 m，最大全长 66 cm。

9. 细斑裸胸鳝
Gymnothorax fimbriatus (Bennett，1832)

【英 文 名】Fimbriated moray

【别　　名】钱鳗、薯鳗、虎鳗、糯鳗、花鳗、青头子、缮斑裸胸鳟

【形态特征】体延长而呈圆柱状，尾部侧扁。上、下颌较为尖长，且略呈弯钩状。颌齿单列，尖牙状；犁骨齿亦为单列。脊椎骨数 131 ~ 135。鱼体底色为黄白至淡褐色，体侧有许多黑斑块，沿着头尾方向排成 3 ~ 5 列；部分个体体侧之黑色斑块或有垂直、相互连成带状波纹的变异形式。背鳍、臀鳍的边缘颜色较淡；背鳍、臀鳍上常具有黑色缮状斑纹。

【分布范围】分布于印度洋—太平洋海域，西起马达加斯加，东至社会群岛，北至日本南部，南至澳大利亚等海域；在我国主要分布于东海及南海。

【生态习性】主要栖息于珊瑚礁潮间带的潮池中。分布水深为 7 ~ 50 m，最大全长 80 cm。

海鳝科
Muraenidae

10. 康吉鳗属未定种
Conger sp.

二、仙女鱼目

11. 云纹蛇鲻

Saurida nebulosa Valenciennes，1850

狗母鱼科 Synodontidae

【英 文 名】Clouded lizardfish

【别　　名】狗母梭、狗母

【形态特征】体圆而瘦长，呈长圆柱形，尾柄两侧具棱脊。头较短。吻尖，吻长明显大于眼径。眼中等大；脂性眼睑发达。口裂大，上颌骨末端远延伸至眼后方；颌骨具锐利之小齿；外侧腭骨齿一致为 2 列，内侧亦为 2 列。体被圆鳞，头后背部、鳃盖和颊部皆被鳞；侧线鳞数 49 ~ 51。单一背鳍，具软条 10 ~ 11，有脂鳍；臀鳍与脂鳍相对；胸鳍中长，末端延伸不及腹鳍基底末端上方，软条数一般为 12；尾鳍叉形。体背呈灰褐色，腹部为淡色，成鱼体侧散布大小不一之暗斑。各鳍灰黄色，仅背鳍、腹鳍及尾鳍散有斜向排列之斑纹。

【分布范围】分布于太平洋海域，北起琉球群岛，南至澳大利亚，西至密克罗尼西亚，东至夏威夷群岛及社会群岛等；在我国主要分布于台湾海域。

【生态习性】主要栖息于沿岸、沼泽、红树林或河口区之沙泥底质的水域。分布水深为 0 ~ 100 m，最大体长 16.5 cm。

三、鯔形目
Mugiliformes

12. 角瘤唇鯔
Oedalechilus labiosus (Valenciennes，1836)

鯔

科

Mugilidae

【英 文 名】Hornlip mullet

【别　　名】瘤唇鯔、豆仔鱼、乌仔、乌仔鱼、乌鱼、厚唇仔、土乌、腩肚乌、虱目乌

【形态特征】体延长，呈纺锤形，前部圆形而后部侧扁，背无隆脊。头短。吻短；唇无齿，下唇有一低低的双重小丘和单列的似乳头状物，上唇很厚，具有 3～4 列似乳头状物。眼圆，前侧位；脂眼睑不发达；前眼眶骨宽广，占满唇和眼之间的空间，前缘有深凹的缺刻。口小，亚腹位；舌骨上长一些牙齿，腭骨则无牙齿。鼻孔每侧各 1 对。在稚鱼期体被圆鳞，随着成长而变为具有多列颗粒状栉刺之栉鳞；头部及体侧的侧线发达；侧线 11～13 条；纵列鳞数 32～37。鳃耙繁密细长，第一鳃弓下枝鳃耙 30～41。背鳍 2 个，第一背鳍硬棘Ⅳ，第二背鳍鳍条Ⅰ-8；胸鳍上侧位，鳍条 16，基部上端具黑点，腋鳞不发达；腹鳍腹位，鳍条Ⅰ-5，腋鳞发达；臀鳍鳍条Ⅲ-9；尾鳍分叉。幽门垂 3～4 条；具砂囊胃。新鲜标本的体背灰绿色，体侧银白色，腹部渐次转为白色。胸鳍基部无色，有黑色斑点在其上端。

【分布范围】分布于印度洋—西太平洋海域，西起红海、东非，东至马绍尔群岛，北至日本南部，南至澳大利亚；在我国主要分布于南海及台湾海域。

【生态习性】主要栖息于沿岸沙泥底质海域，包括潟湖、礁盘及潮池等海域，亦常进入港区。分布水深为 0～3 m，最大体长 40 cm。

四、金眼鯛目

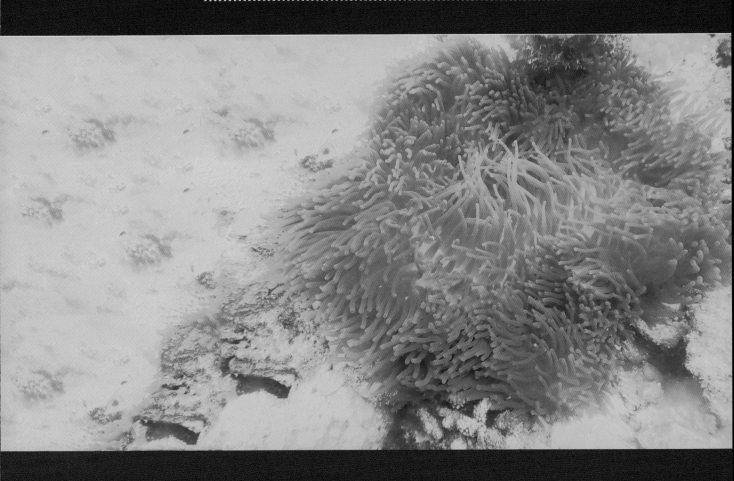

13. 红锯鳞鱼
Myripristis pralinia Cuvier，1829

鳂

科

Holocentridae

【英文名】Scarlet soldierfish

【别　　名】坚松球、厚壳仔、金鳞甲、铁甲、铁甲兵、澜公妾、铁线婆、大目仔

【形态特征】体呈椭圆形或卵圆形，中等侧扁。头部具黏液囊，外露骨骼多有脊纹。眼大。口端位，斜裂；下颌骨前端外侧有 1 对颌联合齿，上颌具容纳颌联合齿的浅缺刻；颌骨、犁骨及腭骨均有绒毛状群齿。前鳃盖骨后下角无强棘；鳃盖骨及下眼眶骨均有强弱不一的硬棘。体被大型栉鳞；侧线完全，侧线鳞数 37～39，侧线至背鳍硬棘中间点之鳞片数 2.5；胸鳍腋部无小鳞片。背鳍连续，单一，硬棘部及软条部间具深凹，具硬棘 X - I，软条 15～16。臀鳍有硬棘 IV，软条 14～15；腹鳍硬棘 I，软条 5～8（通常为 7）；尾鳍深叉形。鳃膜至鳃盖骨棘上方有 1 条暗深红色之带斑。体背部红色，腹部淡红色，各鳍红色，背鳍软条部及臀鳍之近基部处为透明，腹鳍棘白色。

【分布范围】广泛分布于印度洋—太平洋之温热带海域，西起东非，东到马克萨斯群岛与甘比尔群岛，北至琉球群岛，南至新喀里多尼亚；在我国主要分布于台湾海域。

【生态习性】栖息于礁区和近海沿岸海域，夜行性鱼种，成一小群出现在洞穴中、礁台的缝隙中、珊瑚礁湖或珊瑚礁斜坡外围。分布水深为 8～50 m，最大全长 20 cm。

14. 紫红锯鳞鱼
Myripristis violacea Bleeker，1851

【英文名】Pinecone soldierfish

【别　　名】赤松球、厚壳仔、金鳞甲、铁甲、铁甲兵、澜公妾、铁线婆、大目仔

【形态特征】体呈椭圆形或卵圆形，中等侧扁。头部具黏液囊，外露骨骼多有脊纹。眼大。口端位，斜裂；下颌骨前端外侧有1对颌联合齿，上颌无容纳颌联合齿的浅缺刻；颌骨、犁骨及腭骨均有绒毛状齿群。前鳃盖骨后下角无强棘；鳃盖骨及下眼眶骨均有强弱不一的硬棘。体被大型栉鳞；侧线完全，侧线鳞数29，侧线至背鳍硬棘中间点之鳞片数2.5；胸鳍腋部1/3 ~ 1/2处具小鳞片。背鳍连续，单一，硬棘部及软条部间具深凹，具硬棘X - I，软条14 ~ 16；臀鳍有硬棘IV，软条12 ~ 14；腹鳍硬棘I，软条5 ~ 8 (通常为7)；尾鳍深叉形。鳃膜至鳃盖骨棘间有1条橘红色带斑。体背部红色，腹部淡红色，并带有银色 - 紫罗兰色光辉，各鳍橘红色，鳍末端橘色，腹鳍棘则为白色。各鳞后端具红黑色缘。

【分布范围】广泛分布于印度洋—太平洋之温热带海域，西起东非，东至土阿莫土群岛，北至琉球群岛，南至新喀里多尼亚及南方群岛；在我国主要分布于南海海域。

【生态习性】主要栖息在珊瑚礁海域。分布水深为3 ~ 30 m，最大全长35 cm。

15. 黑鳍新东洋鳂

Neoniphon opercularis (Valenciennes，1831)

鳂科 Holocentridae

【英 文 名】Blackfin squirrelfish

【别　　名】黑鳍金鳞鱼、铁甲、金鳞甲、铁甲兵、澜公妾、铁线婆

【形态特征】体较细长，中等侧扁。头部具黏液囊，外露骨骼多有脊纹。眼大。口端位，裂斜。下颌突出于上颌。颌骨、犁骨及腭骨均有绒毛状群齿。前鳃盖骨后下角具一强棘；鳃盖骨及下眼眶骨均有强弱不一的硬棘。体被大型栉鳞；侧线完全，侧线鳞数 38 ~ 40，侧线至背鳍硬棘中间点之鳞片数 2.5。背鳍连续，单一，硬棘部及软条部间具深凹，具硬棘 X - I，软条 13；最后一根硬棘长于前一根硬棘。臀鳍有硬棘 IV，软条 9；胸鳍软条 13 ~ 14（通常为 14）；尾鳍深叉形。体银红色，每个鳞片上有暗红色或黑色的标志。背鳍硬棘部全为黑色，基底白色；背鳍软条部、臀鳍与尾鳍淡红黄色；胸鳍粉红色；腹鳍白色。

【分布范围】广泛分布于印度洋—太平洋之温热带海域，西起东非，东到土阿莫土群岛，北至琉球群岛，南至新喀里多尼亚；在我国主要分布于南海海域。

【生态习性】主要栖息于亚潮带礁台、珊瑚礁湖或临海的礁岩。分布水深为 3 ~ 25 m，最大全长 35 cm。

16. 莎姆新东洋鳂
Neoniphon sammara (Forsskål，1775)

【英 文 名】Sammara squirrelfish

【别　　名】莎姆金鳞鱼、铁甲、金鳞甲、铁甲兵、澜公妾、铁线婆

【形态特征】体较细长，中等侧扁。头部具黏液囊，外露骨骼多有脊纹。眼大。口端位，裂斜。下颌突出于上颌。颌骨、犁骨及腭骨均有绒毛状群齿。前鳃盖骨后下角具一强棘；鳃盖骨及下眼眶骨均有强弱不一的硬棘。体被大型栉鳞；侧线完全，侧线鳞数 38～43，侧线至背鳍硬棘中间点之鳞片数 2.5。背鳍连续，单一，硬棘部及软条部间具深凹，具硬棘Ⅹ-Ⅰ，软条 11～12（通常为 12）；最后一根硬棘长于前一根硬棘。臀鳍有硬棘Ⅳ，软条 7～8（通常为 8）；胸鳍软条 13～14（通常为 14）；尾鳍深叉形。体侧上方为略带桃色的银色，下方银色；在每个鳞片上有一个暗红色到黑色的斑点。沿侧线具 1 条淡红色的斑纹。背鳍、臀鳍及尾鳍的外缘淡红色；胸鳍淡粉红色；腹鳍白色。

【分布范围】广泛分布于印度洋—太平洋之温热带海域，西起红海及东非，东到马克萨斯群岛与迪西岛，北至日本南部、小笠原诸岛与夏威夷群岛，南至澳大利亚北部与豪勋爵岛；在我国主要分布于南海及台湾海域。

【生态习性】主要栖息在潟湖及珊瑚礁区，是群游夜行性鱼类。分布水深为 0～46 m，最大全长 32 cm。

17. 尾斑棘鳞鱼
Sargocentron caudimaculatum (Rüppell，1838)

【英 文 名】Silverspot squirrelfish

【别　　名】金鳞甲、铁甲兵、澜公妾、铁线婆

【形态特征】体呈椭圆形，中等侧扁。头部具黏液囊，外露骨骼多有脊纹。眼大。口端位，裂斜。下颌不突出于上颌。前上颌骨的凹槽大约达眼窝的前缘；鼻骨的前端有2个分开的短棘；鼻窝有1个(少数2个)小刺。前鳃盖骨后下角具一强棘；眶下骨的上缘不为锯齿状。体被大型栉鳞；侧线完全，侧线鳞数40～43，侧线至背鳍硬棘中间点之鳞片数2.5；颊上具4～5列斜鳞。鳃耙数5～8+11～13=16～21。背鳍连续，单一，硬棘部及软条部间具深凹，具硬棘Ⅹ-Ⅰ，软条14；最后一根硬棘短于前一根硬棘。臀鳍有硬棘Ⅳ，软条9；胸鳍软条13～14(通常为14)；尾鳍深叉形。体呈红色，鳞片的边缘银色；尾柄具银白色斑块(时常在死亡之后消失)。背鳍的硬棘部淡红色，鳍膜具鲜红色缘。

【分布范围】广泛分布于印度洋—太平洋之温热带海域，西起红海与东非，东到马绍尔群岛与法属波利尼西亚，北至日本，南至澳大利亚；在我国主要分布于南海及台湾海域。

【生态习性】主要栖息于外围礁石区、潟湖与海峭壁等区域。分布水深为2～40 m，最大全长25 cm。

鳂科
Holocentridae

18. 黑鳍棘鳞鱼

Sargocentron diadema (Lacepède，1802)

【英　文　名】Crown squirrelfish

【别　　　名】金鳞甲、铁甲兵、澜公妾、铁线婆

【形态特征】体呈椭圆形，中等侧扁。头部具黏液囊，外露骨骼多有脊纹。眼大。口端位，裂斜。下颌不突出于上颌。前上颌骨的凹槽大约达眼窝前缘的稍后方；鼻骨前缘圆形；鼻窝没有小刺。前鳃盖骨后下角具一强棘，长度小于 2/3 眼径；眶下骨上缘没有侧突的小棘。体被大型栉鳞；侧线完全，侧线鳞数 47 ～ 52，侧线至背鳍硬棘中间点之鳞片数 2.5；颊上具 5 ～ 6 列斜鳞。鳃耙数 6 ～ 8 + 13 ～ 15 = 19 ～ 23。背鳍连续，单一，硬棘部及软条部间具深凹，具硬棘 X - I，软条 14；最后一根硬棘短于前一根硬棘。臀鳍有硬棘 IV，软条 9；胸鳍软条 14 ～ 15；尾鳍深叉形。体侧具宽的深红色斑纹与狭窄的银白色斑纹交互。背鳍的硬棘部鳍膜全为红色至红黑色，中央白色细纵纹止于中部，而其后之硬棘为白色；臀鳍最大棘区为深红色；胸鳍基轴无黑斑。

【分布范围】分布于印度洋—太平洋海域，西起红海、东非，东到夏威夷群岛与皮特凯恩群岛，北至琉球群岛与小笠原诸岛，南至澳大利亚北部与豪勋爵岛；在我国主要分布于台湾海域。

【生态习性】主要栖息在亚潮带水深约 1 ～ 90 m 的海域，喜爱以珊瑚礁台、潟湖或向海的礁坡为家。最大全长 17 cm。

19. 黑点棘鳞鱼

Sargocentron melanospilos (Bleeker，1858)

【英文名】Blackspot squirrelfish

【别　　名】金鳞甲、铁甲兵、澜公妾、铁线婆

【形态特征】体呈椭圆形，中等侧扁。头部具黏液囊，外露骨骼多有脊纹。眼大。口端位，裂斜。上颌中央肥厚而突出于下颌。前上颌骨的凹槽大约达眼窝的前缘或稍后方；鼻骨的前缘末端有 1 个短棘；鼻窝后缘有 1 ~ 4 个小刺。前鳃盖骨后下角具一强棘；眶下骨不为锯齿状。体被大型栉鳞；侧线完全，侧线鳞数 34 ~ 37，侧线至背鳍硬棘中间点之鳞片数 2.5；颊上具 5 列斜鳞。鳃耙数 4 ~ 7+10 ~ 12 = 14 ~ 19。背鳍连续，单一，硬棘部及软条部间具深凹，具硬棘 X - I，软条 13；最后一根硬棘短于前一根硬棘。臀鳍有硬棘Ⅳ，软条 9；胸鳍软条 14；尾鳍深叉形。体侧具宽的深红色斑纹与狭窄的银白色斑纹交互；背鳍软条部、臀鳍的基底及尾柄上具红黑色斑块 (其大小时常随个体或栖息地而变化)。背鳍的硬棘部内外侧红色至红黑色，鳍膜中间具白色区块；臀鳍最大棘区为红色至红黑色；胸鳍基轴具大黑斑。

【分布范围】分布于印度洋—太平洋海域，西起红海、坦桑尼亚、阿尔达布拉群岛与塞舌尔群岛，东到马绍尔群岛与美属萨摩亚，北至中国、日本南部与小笠原诸岛，南至澳大利亚大堡礁的南方与切斯特菲尔德群岛；在我国主要分布于台湾海域。

【生态习性】栖息于礁区、近海沿岸海域。分布水深为 5 ~ 90 m，最大全长 25 cm。

20. 点带棘鳞鱼

Sargocentron rubrum (Forsskål，1775)

【英 文 名】Redcoat

【别　　名】金鳞甲、铁甲兵、澜公妾、铁线婆、黑带棘鳞鱼

【形态特征】体呈椭圆形，中等侧扁。头部具黏液囊，外露骨骼多有脊纹。眼大。口端位，裂斜。下颌不突出于上颌。前上颌骨的凹槽大约达眼窝的前缘上方；鼻骨的前缘末端有一棘；鼻窝没有小刺。前鳃盖骨后下角具一强棘；眶下骨上缘有侧突的小棘。体被大型栉鳞；侧线完全，侧线鳞数 34 ～ 37(通常为 35)，侧线至背鳍硬棘中间点之鳞片数 2.5；颊上具 5 列斜鳞。鳃耙数 4 ～ 7 + 9 ～ 12 = 14 ～ 19。背鳍连续，单一，硬棘部及软条部间具深凹，具硬棘 X - I，软条 13 ～ 14(通常为 13)；最后一根硬棘短于前一根硬棘。臀鳍有硬棘 IV，软条 9 ～ 10(通常为 9)；胸鳍软条 13 ～ 15(通常为 14)；尾鳍深叉形。体侧具同宽度的红褐色斑纹与银白色斑纹交互，红褐色斑纹显著。通常最上面的 2 条斑纹在背鳍软条部的基底末端相连而形成 1 个细长的深色斑点；第三条弯曲向下而结束于尾鳍的基底中点；第四条终止于尾柄；第五条与第六条在尾柄的下缘向上合二为一；第七条与第八条在臀鳍软条部的基底末端形成另一个暗色斑块。背鳍的硬棘部鳍膜全为暗红色，中央具似四边形白色大斑纹且止于棘末端；臀鳍最大棘区为深红色；胸鳍基轴无黑斑；腹鳍鳍膜全为深红色。

【分布范围】广泛分布于印度洋—太平洋之温热带海域，西起红海，东到汤加，北至日本南部，南至新喀里多尼亚与澳大利亚新南威尔士；在我国主要分布于南海及台湾海域。

【生态习性】主要栖息于岸礁、潟湖、海湾或港湾中的淤泥礁或其残骸，通常成群结队呼啸于珊瑚间。分布水深为 1 ～ 80 m，最大全长 32 cm。

21. 尖吻棘鳞鱼
Sargocentron spiniferum (Forsskål，1775)

【英 文 名】Sabre squirrelfish

【别　　名】金鳞甲、铁甲兵、澜公妾、铁线婆

【形态特征】体呈椭圆形，中等侧扁。头部具黏液囊，外露骨骼多有脊纹。眼大。口端位，裂斜。下颌些微突出于上颌。前上颌骨的凹槽大约达眼窝前缘的稍后方；鼻骨前缘圆形；鼻窝没小刺。鳃盖骨具 2 枚棘；前鳃盖骨后下角具一强棘；眶下骨上缘略微锯齿状。体被大型栉鳞；侧线完全，侧线鳞数 41 ~ 47(通常为 43 ~ 45)，侧线至背鳍硬棘中间点之鳞片数 3.5；颊上具 5 列斜鳞。鳃耙数 5 ~ 7+11 ~ 13=17 ~ 20。背鳍连续，单一，硬棘部及软条部间具深凹，具硬棘 X - I，软条 14 ~ 16(通常为 15)，硬棘部鳍膜上缘凹入；最后一根硬棘短于前一根硬棘。臀鳍有硬棘 IV，软条 9 ~ 10(通常为 10)；胸鳍软条 15；尾鳍深叉形。头部与身体红色，鳞片边缘银白色。背鳍的硬棘部鳍膜深红色，余鳍橘黄色；眼后方的前鳃盖骨上有一垂直的长方形深红色斑点。

【分布范围】分布于印度洋—太平洋海域，西起红海与东非，东到夏威夷群岛与迪西岛，北至日本南部，南至澳大利亚；在我国主要分布于南海及台湾海域。

【生态习性】栖息的地方非常多样化，幼鱼期栖息于水浅且易躲藏行迹的礁石边，长大后移居到水较深的地方，不论是礁石区或礁台、礁湖或向海的礁坡，都可见其踪迹。分布水深为 1 ~ 122 m，最大叉长 51 cm。

22. 白边棘鳞鱼
Sargocentron violaceum (Bleeker，1853)

【英 文 名】Violet squirrelfish

【别　　名】金鳞甲

【形态特征】体呈椭圆形，中等侧扁。头中等大，眼大。口前位。背鳍硬棘XI，软条14；臀鳍硬棘Ⅳ，软条9；侧线鳞35～37。体红色，体侧鳞片具蓝色斑点，边缘红色。各鳍条红色，无斑点。

【分布范围】分布于印度洋—太平洋海域，西起阿尔达布拉群岛和拉克沙群岛，东至社会群岛，北至琉球群岛，南至大堡礁南部；在我国主要分布于南海海域。

【生态习性】栖息于热带岩礁海域。分布水深为1～30 m，最大全长45 cm。

五、刺鱼目

23. 中华管口鱼
Aulostomus chinensis (Linnaeus, 1766)

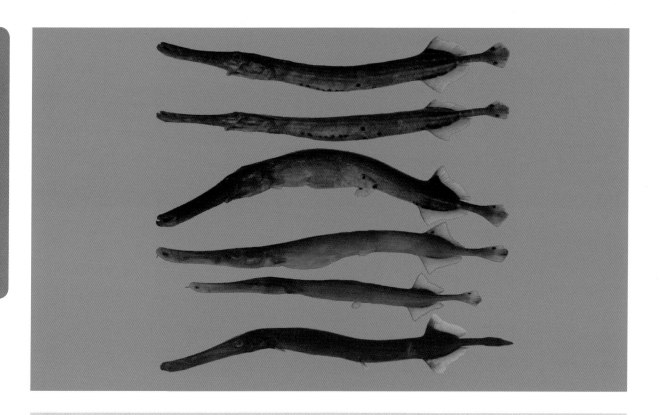

【英 文 名】Chinese trumpetfish

【别　　名】海龙须、牛鞭、篦箭柄、土管

【形态特征】体甚延长，稍侧扁。头中长；吻突出呈管状，但侧扁。眼小。口小，斜裂；上颌无齿，下颌具细齿。颏部具一小须。体被小栉鳞，侧线发达。背鳍具分离的短硬棘Ⅷ～Ⅻ，软条23～28；臀鳍与背鳍软条部相对，皆位于体后部，具软条26～29；胸鳍小；腹鳍腹位，近肛门；尾鳍圆形。体色变化大，有红褐色、褐色、金黄色等，亦具有"黄化"现象。一般体色为褐色，有浅色纵带；背鳍基部、臀鳍基部另具深色带；腹鳍基有黑色斑；尾鳍上叶，甚至下叶常有黑圆点。

【分布范围】广泛分布于印度洋—泛太平洋海域，西起非洲，东至夏威夷群岛，北至日本，南至澳大利亚、豪勋爵岛；另外分布于东太平洋中部的各岛屿；在我国主要分布于南海及台湾海域。

【生态习性】主要栖息于珊瑚礁区。常以倒立的姿势隐身于软珊瑚、藻类或是海鞭旁以躲避敌人；亦具有当敌人靠近时，迅速变换成和环境颜色一样的体色，以免自己被发现的"拟态"行为。分布水深为3～122 m，最大全长80 cm。

24. 史氏冠海龙

Corythoichthys schultzi **Herald，1953**

【英 文 名】Schultz's pipefish

【别　　名】史氏海龙、海龙

【形态特征】体特别延长和纤细，无鳞，由一系列的骨环所组成；躯干部的上侧棱与尾部上侧棱不相连接，下侧棱与尾部下侧棱相连接，中侧棱平直而终止于臀部骨环处。吻长，头长为其 1.7 ～ 1.8 倍；吻部背中棱低位或仅留痕迹。主鳃盖具一完全的中纵棱。体环不具纵棘；无皮瓣。骨环 15 ～ 17 + 32 ～ 39；背鳍鳍条数 25 ～ 31；胸鳍鳍条数 14 ～ 18；尾鳍鳍条数 10。体呈淡白色，体侧具不明显之褐色带，并满布许多橘红色至红褐色的线纹或斑点。尾鳍亦橘红色。

【分布范围】分布于印度洋—太平洋海域，西起红海、东非，东到汤加，北至中国，南至澳大利亚北部与新喀里多尼亚；在我国主要分布于南海海域。

【生态习性】主要栖息于潟湖与临海礁石区的珊瑚或海扇中。分布水深为 2 ～ 30 m，最大全长 16 cm。

25. 黑背圆颌针鱼
Tylosurus acus melanotus (Bleeker，1850)

【英 文 名】Keel-jawed needle fish

【别　　名】叉尾鹤鱵、青旗、学仔、白天青旗、水针、圆学、四角学

【形态特征】体几乎呈圆柱形，截面为圆形或椭圆形；头盖骨背侧之中央沟发育不良。尾柄有侧隆起棱，几成四方形。上颌在其基部向上弯曲，致两颌间产生缝隙；下颌之末端时有斧状突出物；主上颌骨之下缘于嘴角处完全被眼前骨所覆盖。鳞细小，侧线沿腹缘纵走，达尾鳍基底，在尾柄处向体中央上升，并形成隆起棱。无鳃耙。背鳍与臀鳍相对，两者前方鳍条延长，背鳍之后方鳍条亦较延长，背鳍软条数24～27，臀鳍软条数22～24；腹鳍基底位于眼前缘与尾鳍基底间距中央之略前方；尾鳍深开叉，其下叶较延长。体背蓝绿色，体侧银白色。体侧无横带。

【分布范围】分布于印度洋—太平洋海域，西起非洲东部，东至中、南太平洋，北至日本，南至澳大利亚；在我国主要分布于东海、南海及台湾海域。

【生态习性】大洋性鱼类，通常在近海巡游，偶尔会靠近岸边。分布水深为0～1 m，最大全长100 cm。

26. 鳄形圆颌针鱼
Tylosurus crocodilus (Péron & Lesueur，1821)

【英 文 名】Hound needlefish

【别　　名】青旗、学仔、白天青旗、圆学

【形态特征】体几乎呈圆柱形，截面为圆形或椭圆形；头盖骨背侧之中央沟发育不良。尾柄有侧隆起棱，几成四方形。上颌平直，两颌间无缝隙；下颌之末端无斧状突出物；主上颌骨之下缘于嘴角处完全被眼前骨所覆盖。鳞细小，侧线沿腹缘纵走，达尾鳍基底，在尾柄处向体中央上升，并形成隆起棱。无鳃耙。背鳍与臀鳍相对，两者前方鳍条延长，背鳍之后方鳍条亦较延长，背鳍软条数 21 ~ 25，臀鳍软条数 19 ~ 22；腹鳍基底位于眼前缘与尾鳍基底间距中央之略前方；尾鳍因中央鳍条突出而呈双凹形，下叶较延长。体背蓝绿色，体侧银白色。体侧中央具一蓝黑色横带。

【分布范围】广泛分布于印度洋—西太平洋之温热带海域；在我国主要分布于东海、南海及台湾海域。

【生态习性】大洋性鱼类，常出现于沿岸，包括潟湖及礁区。分布水深为 0 ~ 13 m，最大全长 150 cm。

27. 窄眶缝鲬

Thysanophrys chiltonae Schultz，1966

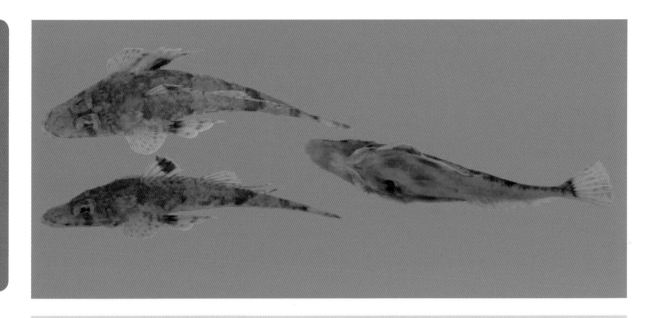

【英 文 名】Longsnout flathead

【别　　名】竹甲、狗祈仔、牛尾

【形态特征】背鳍鳍条Ⅰ-Ⅷ，11～12；臀鳍鳍条12～13；胸鳍鳍条19～20；腹鳍鳍条Ⅰ-5；尾鳍分叉鳍条10。侧线鳞53～54；鳃盖条7。体延长，平扁，向后渐细尖，纵剖面略呈圆柱状。头部纵扁，眼间隔稍宽。吻平扁而短，为眼径之1.3倍。头长为吻长之3.0～3.1倍。口大，上位，向后延伸未达眼前缘。眼大，眼后无凹陷。体长为头长之2.6～2.7倍。犁骨齿2丛。颐部具发达侧线管。眼上方不具附肢。间鳃盖骨具附肢，叶片状。颊部具单棱。眼下棱具6～7枚棘。前鳃盖骨上方具三棘，上棘较长，下方不具向前之倒棘。虹膜分叉型，各分支末端分叉。眼眶前具一棘。眼眶上方具一棘。侧线鳞具双开口。头部及身体灰黑色，有许多白色细斑；下半部白色；背部有5～7个明显鞍状斑；眼下部有一明显横条纹；背鳍有黑色及白色的斑点交错分布；臀鳍白色；腹鳍基部有一明显大黑斑，后端有数个不明显黑斑；尾鳍有白色及黑色斑点所形成的条纹交错分布。

【分布范围】广泛分布于印度洋—西太平洋海域，西起红海及东非，东到马克萨斯群岛，北至琉球群岛，南至澳大利亚北部；在我国主要分布于台湾海域。

【生态习性】底栖性，主要生活在珊瑚礁区的沙泥地或潟湖。分布水深为0～100 m，最大全长25 cm。

28. 须拟鲉

Scorpaenopsis cirrosa (Thunberg，1793)

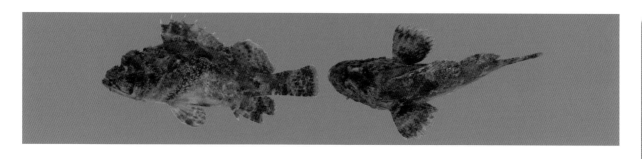

【英文名】Weedy stingfish

【别　　名】鬼石狗公、石狮子、虎鱼、石崇、石狗公、沙姜虎、石降、过沟仔、臭头格仔

【形态特征】体延长，略侧扁。体长为体高之 2.9 ～ 3.1 倍。头中大，体长为头长之
2.2 ～ 2.5 倍，棘棱为明显的锯齿状。眼上侧位，头长为眼径之 4.9 ～ 5.5 倍。头长为眼
间距之 7 ～ 8 倍。口中大，上端位，上下颌等长。头长为吻长之 3.2 ～ 3.8 倍。上下颌
及犁骨具细齿，腭骨无齿。鼻棘 1 个，尖锐，位于前鼻孔内侧。眶下具第一、第二、
第四眶下骨，无第三、第五眶下骨；第一眶下骨宽短，具一棱棘；第二眶下骨向后圆宽，
具两棱棘；第四眶下骨短小，与其余眶下骨游离。前鳃盖骨五棘；鳃盖骨具两叉状棱，
后端各具一棘。下鳃盖骨及间鳃盖骨无棘。颅骨棘粗壮尖锐。侧筛骨光滑，眶上棱高
突，具眼上棘与眼后棘各 1 个；鼓棘 1 个；眼间具额棱 1 对，后端无额棘。顶骨光滑，
无顶棱，前后各具顶棘及颈棘 1 个。眼后至侧线前端具蝶耳棘 2 ～ 3 个；翼耳棘 1 个；
后颞颥棘上方 1 个，下方 2 个；肩胛棘 1 个；胸鳍基部上方具一脉棘。眼背后部横凹，
眼间隔深凹，额棱间沟浅宽，枕骨部微凹，眼前侧下方具一斜沟，眶下棱与眼眶间具
一纵沟。前鼻孔后缘具一短小羽状皮瓣。上颌骨具一宽大皮瓣及一些小皮瓣。下颌骨
具 2 ～ 4 个大小不等的羽状皮瓣。除眼前棘、眼后棘、鼓棘、顶棘、颈棘及吻部之外，
头部其余各棘、体侧及各鳍基部皆具明显皮瓣。体被中大栉鳞。吻部、上下颌、颊部、
眼间隔、眼后头背及鳃盖条部无鳞。侧线上侧位，斜直，末端延伸至尾鳍基部。背鳍
起始于鳃盖骨上棘前上方，硬棘与软条间有鳍膜相连，硬棘部的基底长于软条部的基底，
第三至第五硬棘最长，具硬棘 XIII，软条 8 ～ 10；臀鳍起始于背鳍软条部起点下方，鳍
条长度较背鳍软条短，鳍条延伸稍超过背鳍基部，具硬棘 III，软条 5；胸鳍圆宽，无
鳍条分离，延伸至肛门，软条 15 ～ 18，第一软条不分枝，第五至第六软条分枝，第九
至第十二软条不分枝；腹鳍下侧位，具硬棘 I，软条 5；尾鳍圆形。体褐色或褐红色，
腹侧颜色较淡，体侧与各鳍散布黑色斑点。*Scorpaenopsis cirrhosa* 为本种之同种异名。

【分布范围】分布于西北太平洋海域，包括日本、中国；在我国主要分布于东海、南
海及台湾海域。

【生态习性】主要栖息于浅海珊瑚、碎石或岩石底质的礁石平台，也被发现于岸边到
外礁区有掩蔽的潟湖与洞穴区等。分布水深为 3 ～ 91 m，最大全长 23.1 cm。

29. 玫瑰毒鲉

Synanceia verrucosa Bloch & Schneider，1801

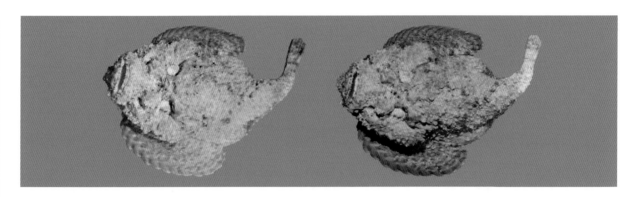

【英文名】Stonefish

【别　　名】肿瘤毒鲉、虎鱼、石头鱼、拗猪头、合笑、沙姜鲙仔、石头鱼

【形态特征】体中长，体宽大于体高，尾部向后渐狭小。头宽大，扁平。眼小，上位，眼球稍突出于头背部；口中大，上位，口裂垂直，下颌上包覆上颌前方。上下颌具细齿，犁骨及腭骨无齿。无鼻棘。泪骨下缘具两叉形棘，外侧具四棱，后上方具两短小叉状棱。眶下棱中部具一较大骨突。第二眶下骨宽大，向后延伸至前鳃盖骨前缘。前鳃盖骨具三棘，隐没于皮肤下方。鳃盖骨具两叉向棱，后端各具一棘，隐没于皮肤下方。下鳃盖骨及间鳃盖骨无棘。颅骨棘与棱粗糙。侧筛骨光滑，具一大眼前棘。额骨光滑，眶上棱高突，眼上无骨嵴，具眼上棘及眼后棘各1个。无鼓棘。眼间距无明显额棱，无额棘，眼间距后方具一横棱。顶骨光滑，顶棱外斜，具顶棘。眼后至侧线前端具蝶耳棘1个，微小；翼耳棘1个，高突；后颞颥棘突明显；肩胛棘1个，低平；脉棘1个。前颌骨高突，吻背后方横凹；眼间隔深凹；眼前下方具U形凹窝，眼后方各具一深窝，左右顶棱间微凹。口缘具穗状皮瓣；前鼻孔具管状皮突；吻部、头部腹侧、颊部与鳃盖散布肉瘤与皮瓣；眼上方具小皮突，下方皮突粗大；体及鳍上散布肉瘤与皮瓣。体无鳞，皮厚。侧线不明显。背鳍起始于鳃盖骨上棘前上方，硬棘与软条间有鳍膜相连，硬棘部的基底长于软条部的基底，硬棘大多被皮膜覆盖，尖端露出，具硬棘 XII～XIV，软条 5～7；臀鳍起始于背鳍软条部前下方，鳍条长度较背鳍软条短，具硬棘 III，软条 5～6；胸鳍宽大，下侧位，无鳍条分离，未达臀鳍第一硬棘，软条 17～19；腹鳍胸位，具硬棘 I，软条 4～5；尾鳍圆截形。体色多变，通常与周围环境颜色相似。

【分布范围】分布于印度洋—太平洋海域，西起红海和东非，东到法属波利尼西亚，北至琉球群岛与小笠原诸岛，南至澳大利亚的昆士兰州；在我国主要分布于南海及台湾海域。

【生态习性】栖息于浅海岩礁区及沙泥底海域。分布水深为 0～30 m，最大全长 40 cm。

八、鲈形目

30. 大眼魣

Sphyraena forsteri Cuvier，1829

【英 文 名】Bigeye barracuda

【别　　名】针梭、竹梭、巴拉库答

【形态特征】体延长，略侧扁，呈亚圆柱形。头长而吻尖突。口裂大，宽平；下颌突出于上颌；上颌骨末端不及眼前缘或正好在眼前缘下方；上下颌及腭骨均具尖锐且大小不一之犬齿，犁骨无齿。无延长鳃耙，仅具多个瘤状鳃耙。体被小圆鳞；侧线鳞数112～133。具两个背鳍，距离甚远；腹鳍起点位于背鳍起点之前；胸鳍略短，末端不及或几近背鳍起点；尾鳍全期为深叉形。体背部青灰蓝色，腹部呈白色；体侧无暗色纵带；胸鳍基部上方具一小黑斑；腹鳍基部上方无小黑斑。尾鳍暗黄色；余鳍灰黄或淡黄色。

【分布范围】广泛分布于印度洋—太平洋热带及亚热带海域，西起非洲东部，东至马克萨斯群岛及社会群岛，北至日本南部，南至新喀里多尼亚；在我国主要分布于东海及台湾海域。

【生态习性】主要栖息于大洋较近岸的礁区或潟湖区，常成大群于夜间活动。分布水深为 6 ～ 300 m，最大全长 75 cm。

31. 白边侧牙鲈

Variola albimarginata Baissac，1953

【英文名】White-edged lyretail

【别　　名】阔嘴格仔、鲙、过鱼、石斑、红朱鲙、粉条

【形态特征】体长椭圆形。头中大，头长稍大于体高。眶间区稍圆突。上颌前端具2枚犬齿，中央具一向后倒伏的牙齿，两侧外列为稀疏排列的圆锥齿，内列为绒毛状齿；下颌除前端具2枚大犬齿外，两侧各具大犬齿1个及绒毛状齿多列；犁骨及腭骨均具绒毛状齿。前鳃盖骨缘光滑。鳃盖骨后缘具3枚扁平棘。体被细小栉鳞；侧线鳞孔数66～75；纵列鳞数109～127。背鳍鳍棘部与软条部相连，无缺刻，具硬棘IX，软条14；臀鳍硬棘III，软条8；腹鳍腹位，末端延伸不及肛门开口；胸鳍圆形，中央之鳍条长于上下方之鳍条，长于腹鳍鳍条，短于后眼眶长；尾鳍弯月形。体深红色，体侧具不规则之浅红色水平线或斜线，浅红色线纹间另穿插有黄色窄线纹，而这些浅红色线纹有时是由淡蓝色至粉红色的不规则小斑点所构成；尾鳍具半月形之窄白缘，内侧另具一条黑色窄带。幼鱼体色略同于成鱼，但体侧具较少且较大的红缘淡蓝斑点，无黑色纵带，尾柄上亦无大黑斑。

【分布范围】分布于印度洋—太平洋之热带及亚热带海域，西起非洲东部沿岸，东至萨摩亚，北至日本南部，南至澳大利亚；在我国主要分布于南海及台湾海域。

【生态习性】栖息于沿岸、岛屿、外礁等礁石区海域。分布水深为4～200 m，最大全长65 cm。

32. 侧牙鲈

Variola louti (Forsskål，1775)

【英 文 名】Yellow-edged lyretail

【别　　名】朱鲙、过鱼、石斑、粉条、花条

【形态特征】体长椭圆形。头中大，头长稍大于体高。眶间区稍圆突。上颌前端具2枚犬齿，中央具一向后倒伏的牙齿，两侧外列为稀疏排列的圆锥齿，内列为绒毛状齿；下颌除前端具2枚大犬齿外，两侧各具大犬齿1个及绒毛状齿多列；犁骨及腭骨均具绒毛状齿。前鳃盖骨缘光滑。鳃盖骨后缘具3枚扁平棘。体被细小栉鳞；侧线鳞孔数66～77；纵列鳞数113～135。背鳍鳍棘部与软条部相连，无缺刻，具硬棘Ⅸ，软条14；臀鳍具硬棘Ⅲ，软条8；腹鳍腹位，末端延伸不及肛门开口；胸鳍圆形，中央之鳍条长于上下方之鳍条，长于腹鳍鳍条，短于后眼眶长；尾鳍弯月形。体深红至灰褐色，体侧具淡蓝至淡红色之不规则斑点或短线纹，头部斑点通常较小而圆且分布较密；背鳍、臀鳍及胸鳍后方具宽黄缘；尾鳍具半月形之宽黄缘。幼鱼体背侧另具一条黑色纵带；尾柄上部另具一大黑斑；头背侧由吻端至背鳍基底起点具一白色至淡黄色之中央纵纹。

【分布范围】分布于印度洋—太平洋之热带及亚热带海域，西起红海、非洲南部，东至皮特凯恩群岛，北至日本南部，南至澳大利亚；在我国主要分布于台湾海域。

【生态习性】栖息于水深3～300 m的岛屿、外礁等礁石区海域。最大全长83 cm。

33. 斑点九棘鲈

Cephalopholis argus Bloch & Schneider，1801

【英文名】Peacock hind

【别　　名】眼斑鲙、过鱼、石斑、油鲙、青猫、黑鲙仅、黑鲙仔

【形态特征】体长椭圆形，侧扁，体长为体高之2.7～3.2倍。头背部几乎斜直；眶间区平坦或微凹陷。眼小，短于吻长。口大；上颌稍能活动，可向前伸出，末端延伸至眼后之下方；上下颌前端具小犬齿，下颌内侧齿尖锐，排列不规则，可向内呈倒状；犁骨和腭骨具绒毛状齿。前鳃盖圆形，幼鱼后缘略锯齿状，成鱼则平滑；下鳃盖及间鳃盖后缘平滑。体被细小栉鳞；侧线鳞孔数46～51；纵列鳞数95～110。背鳍连续，有硬棘Ⅸ，软条15～17；臀鳍硬棘Ⅲ，软条9；腹鳍腹位，末端不及肛门开口；胸鳍圆形，中央之鳍条长于上下方之鳍条，长于腹鳍鳍条，短于后眼眶长；尾鳍圆形。体呈一致之暗褐色，头部、体侧及各鳍上皆散布具黑缘之蓝点；通常体侧后半部具5～6条淡色宽横带；胸部具一大片淡色区块；背鳍硬棘部鳍膜末端具三角形橘黄色斑；背鳍、臀鳍软条部及尾鳍具白缘。

【分布范围】广泛分布于印度洋—太平洋海域，西起红海、非洲东岸，东至法属波利尼西亚及皮特凯恩群岛，北迄日本及小笠原诸岛，南至澳大利亚及豪勋爵岛；在我国主要分布于南海及台湾海域。

【生态习性】热带海域常见鱼类，生活栖所多变，主要栖息于礁区、近海沿岸海域。分布水深为1～40 m，最大全长60 cm。

34. 六斑九棘鲈

Cephalopholis sexmaculata (Rüppell, 1830)

【英　文　名】Sixblotch hind

【别　　　名】六斑鲙、过鱼、石斑、鲙仔

【形态特征】体长椭圆形，侧扁，体长为体高之 2.65 ~ 3.05 倍。头背部斜直；眶间区微凹陷。眼小，短于吻长。口大；上颌稍能活动，可向前伸出，末端延伸至眼后缘之下方；上下颌前端具小犬齿，下颌内侧齿尖锐，排列不规则，可向内呈倒状；犁骨和腭骨具绒毛状齿。前鳃盖圆，幼鱼时尚可见锯齿缘，成鱼后缘平滑；下鳃盖及间鳃盖微具锯齿，但埋于皮下。体被细小栉鳞；侧线鳞孔数 49 ~ 54；纵列鳞数 95 ~ 108。背鳍连续，有硬棘Ⅸ，软条 14 ~ 16；臀鳍硬棘Ⅲ，软条 9；腹鳍腹位，末端不及肛门开口；胸鳍圆形，中央之鳍条长于上下方之鳍条，长于腹鳍鳍条，约等长于后眼眶长；尾鳍圆形。体呈橘红色；体侧、头部及奇鳍散布蓝色小斑点，而以头部及奇鳍上之蓝色斑较密集；头部之蓝色斑点延长成线状。体侧具 4 条暗色横带，常不显著，横带于背鳍基部呈黑色，形成 4 个黑色大斑块；尾柄背侧另有 2 个较小之黑色斑块。

【分布范围】分布于印度洋—太平洋之热带及亚热带海域，西起红海、非洲东岸，东至中太平洋各群岛，北至日本南部，南迄澳大利亚；在我国主要分布于台湾海域。

【生态习性】栖息于礁区和近海沿岸海域。分布水深为 6 ~ 150 m，最大全长 50 cm。

35. 尾纹九棘鲈

Cephalopholis urodeta (Forster, 1801)

【英 文 名】Darkfin hind

【别　　名】霓鲙、过鱼、石斑、珠鲙、红朱鲙、白尾朱鲙

【形态特征】体长椭圆形，侧扁，体长为体高之2.7～3.3倍。头背部斜直；眶间区平坦。眼小，短于吻长。口大；上颌稍能活动，可向前伸出，末端延伸至眼后缘之下方；上下颌前端具小犬齿，下颌内侧齿尖锐，排列不规则，可向内呈倒状；犁骨和腭骨具绒毛状齿。前鳃盖圆，具微锯齿缘；下鳃盖及间鳃盖平滑。体被细小栉鳞；侧线鳞孔数54～68；纵列鳞数88～108。背鳍连续，有硬棘Ⅸ，软条14～16；臀鳍硬棘Ⅲ，软条9；腹鳍腹位，末端不及肛门开口；胸鳍圆形，中央之鳍条长于上下方之鳍条，长于腹鳍鳍条，约等长于后眼眶长；尾鳍圆形。体呈深红色至红褐色，后方较暗；头部具许多细小橘红色点及不规则之红褐色斑；体侧有时具细小淡斑及6条不显著之不规则横带。背鳍及臀鳍软条部具许多细小橘红色点，鳍膜具橘色缘；腹鳍橘红色且具蓝色缘；尾鳍具2条淡色斜带，斜带间具许多淡色斑点，斜带外为红色而具白色缘。

【分布范围】分布于印度洋—太平洋之热带及亚热带海域，西起非洲东岸，东至法属波利尼西亚，北至日本南部，南迄澳大利亚大堡礁；在我国主要分布于南海及台湾海域。

【生态习性】栖息于潟湖礁石区及外礁斜坡处等海域。分布水深为1～60 m，最大全长28 cm。

36. 黑鞍鳃棘鲈
Plectropomus laevis (Lacepède，1801)

鲇

科

Serranidae

【英 文 名】Blacksaddled coralgrouper

【别　　名】豹鲙、过鱼、杂星斑、黑条

【形态特征】体延长而硕壮，体长为体高之 2.9 ～ 3.9 倍。头中大。口大；下颌侧边具小犬齿。鳃耙数 8 ～ 9+15，随成长而渐退化。前鳃盖骨边缘圆形，具 3 枚棘，埋入皮下，下缘稍具锯齿；鳃盖骨具 3 枚扁平棘，上下两棘被皮肤覆盖。体被细小栉鳞；侧线鳞数 83 ～ 97。背鳍鳍棘部与软条部相连，鳍棘部明显短于软条部，具硬棘Ⅷ，软条 10 ～ 12；臀鳍具硬棘Ⅲ，细弱而可动，软条 8；腹鳍腹位，末端延伸远不及肛门开口；胸鳍圆形，中央之鳍条长于上下方之鳍条，鳍条 17 ～ 18；尾鳍内凹形。两种色相：体具 5 条黑色横带；或有甚多小蓝点散在，横带有或无。

【分布范围】分布于印度洋—太平洋海域，西起非洲东部，东至土阿莫土群岛，北至日本南部，南至澳大利亚；在我国主要分布于台湾海域。

【生态习性】主要栖息于珊瑚繁生的潟湖及面海的礁区，亦常出现于水道及外礁斜坡。分布水深为 4 ～ 100 m，最大全长 125 cm。

37. 鞍带石斑鱼
Epinephelus lanceolatus (Bloch，1790)

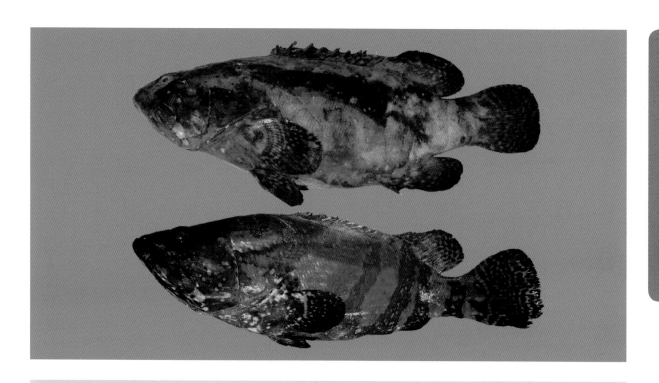

【英 文 名】Giant grouper

【别　　名】龙胆石斑、过鱼、枪头石斑鱼、倒吞鲨、鸳鸯鲙、龙趸

【形态特征】体长椭圆形，侧扁而非常粗壮，体长为体高之 2.4 ~ 3.4 倍。头背部斜直；眶间区平坦或微凹陷。眼小，短于吻长。口大；上下颌前端具小犬齿或无，两侧齿细尖，下颌齿在幼时 2 ~ 3 列，随成长逐渐增多，可达 15 ~ 16 列。鳃耙数 8 ~ 10+14 ~ 16。前鳃盖骨后缘微具锯齿，下缘光滑。鳃盖骨后缘具 3 枚扁棘。体被细小栉鳞；侧线鳞孔数 54 ~ 62；纵列鳞数 95 ~ 105。背鳍鳍棘部与软条部相连，无缺刻，具硬棘Ⅺ，软条 14 ~ 16；臀鳍具硬棘Ⅲ，软条 8；腹鳍腹位，末端延伸不及肛门开口；胸鳍圆形，中央之鳍条长于上下方之鳍条，长于腹鳍鳍条，短于后眼眶长；尾鳍圆形。稚鱼体呈黄色，具 3 块不规则之黑色斑，随着成长，黑色斑内散布不规则之白色或黄色斑点，各鳍具黑色斑点；大型成鱼体呈暗褐色，各鳍色更暗些。

【分布范围】分布于印度洋—太平洋海域，西起非洲东岸、红海，北至日本南部，南至澳大利亚西北部；在我国主要分布于台湾海域。

【生态习性】主要栖息于沿岸礁区，亦会出现于河口区。分布水深为 1 ~ 200 m，最大全长 270 cm。

38. 蜂巢石斑鱼
Epinephelus merra Bloch，1793

【英 文 名】Honeycomb grouper

【别　　名】蜂巢格仔、六角格仔、蝴蝶斑、牛屎斑、石斑、鲙仔

【形态特征】体长椭圆形，侧扁而粗壮，体长为体高之2.8～3.3倍。头背部斜直；眶间区平坦或略突。眼小，短于吻长。口大；上下颌前端具小犬齿或无，两侧齿细尖，下颌齿2～4列。鳃耙数6～9+14～17。前鳃盖骨后缘具锯齿，下缘光滑。鳃盖骨后缘具3枚扁棘。体被细小栉鳞；侧线鳞孔数48～54；纵列鳞数98～114。背鳍鳍棘部与软条部相连，无缺刻，具硬棘XI，软条15～17；臀鳍具硬棘III，软条8；腹鳍腹位，末端延伸不及肛门开口；胸鳍圆形，中央之鳍条长于上下方之鳍条，长于腹鳍鳍条，短于后眼眶长；尾鳍圆形。头部、体部及各鳍淡色，均有圆形至六角形暗斑密布，斑间隔狭窄，形成网状图案；胸鳍密布显著之小黑点。背鳍基底处无任何斑块。

【分布范围】广泛分布于印度洋—太平洋海域，由南非至法属波利尼西亚；在我国主要分布于南海及台湾海域。

【生态习性】沿岸浅水域鱼种，常出现于潟湖及湾区之礁石间。分布水深为0～50 m，最大全长32 cm。

39. 横条石斑鱼

Epinephelus fasciatus (Forsskål，1775)

【英 文 名】Blacktip grouper

【别　　名】石斑、过鱼、红斑、红鹭鸶、关公鲙、鲙仔、赤石斑鱼

【形态特征】体长椭圆形，侧扁而粗壮，体长为体高之 2.8 ～ 3.3 倍。头背部斜直；眶间区微突。眼小，短于吻长。口大；上下颌前端具小犬齿或无，两侧齿细尖，下颌齿 2 ～ 4 列。鳃耙数 6 ～ 8+15 ～ 17。前鳃盖骨后缘具锯齿，下缘光滑。鳃盖骨后缘具 3 枚扁棘。体被细小栉鳞；侧线鳞孔数 49 ～ 75；纵列鳞数 92 ～ 135。背鳍鳍棘部与软条部相连，无缺刻，具硬棘XI，软条 15 ～ 17；臀鳍具硬棘III，软条 8；腹鳍腹位，末端延伸不及肛门开口；胸鳍圆形，中央之鳍条长于上下方之鳍条，长于腹鳍鳍条，短于后眼眶长；尾鳍圆形。体呈浅橘红色，具有 6 条深红色横带；背鳍硬棘间膜之先端具黑色之三角形斑；棘之顶端处，有时具淡黄色或白色斑；背鳍软条部、臀鳍、尾鳍有时具淡黄色后缘。

【分布范围】广泛分布于印度洋—太平洋海域，西起非洲东岸，东至中太平洋各岛屿，北至日本、韩国，南迄澳大利亚、豪勋爵岛等；在我国主要分布于南海及台湾海域。

【生态习性】主要栖息于潟湖、内湾区及沿岸礁石区或石砾区海域。分布水深为 4 ～ 160 m，最大全长 40 cm。

40. 花点石斑鱼
Epinephelus maculatus (Bloch，1790)

【英 文 名】Highfin grouper

【别　　名】石斑、过鱼、花鲙、鲙仔

【形态特征】体长椭圆形，侧扁而粗壮，体长为体高之 2.8 ～ 3.1 倍。头背部弧形；眶间区平坦或略突。眼小，短于吻长。口大；上下颌前端具小犬齿或无，两侧齿细尖，下颌齿约 2 列。鳃耙数 8 ～ 10+15 ～ 17。前鳃盖骨后缘具锯齿，下缘光滑。鳃盖骨后缘具 3 枚扁棘。体被细小栉鳞；侧线鳞孔数 49 ～ 52；纵列鳞数 102 ～ 120。背鳍鳍棘部与软条部相连，无缺刻，具硬棘XI，软条 12 ～ 14；臀鳍具硬棘III，软条 8；腹鳍腹位，末端延伸不及肛门开口；胸鳍圆形，中央之鳍条长于上下方之鳍条，长于腹鳍鳍条，短于后眼眶长；尾鳍圆形。幼鱼体呈黄褐色，具有许多黑色斑点及斑块和白色斑块及斑点。成鱼头部、体侧及各鳍淡褐色，满布许多紧密相连之六角形暗褐色斑点；体背侧另具 2 个大型黑色斑块，且这 2 个黑色斑块前方各具白色区域。背鳍硬棘部尖端黄色。

【分布范围】分布于印度洋—太平洋海域，包括科科斯群岛至印度尼西亚，南中国海至萨摩亚，北至日本南部，南至豪勋爵岛；在我国主要分布于南海及台湾海域。

【生态习性】幼鱼栖息于浅的珊瑚石砾区水域，成鱼栖息于潟湖区的珊瑚礁头及深达 100 m 以内向海的礁区。分布水深为 2 ～ 100 m，最大全长 65 cm。

41. 巨石斑鱼

Epinephelus tauvina (Forsskål，1775)

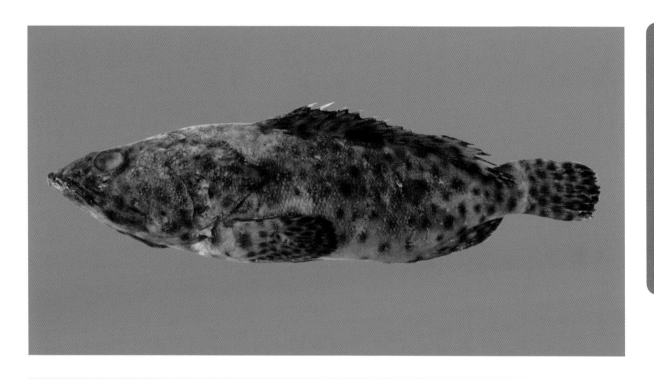

【英 文 名】Greasy grouper

【别　　名】石斑、过鱼、虎麻

【形态特征】体长椭圆形，侧扁而粗壮，体长为体高之 3.0 ～ 3.6 倍。头背部斜直；眶间区微突。眼小，短于吻长。口大；上下颌前端具小犬齿或无，两侧齿细尖，下颌齿 2 ～ 5 列。鳃耙数 8 ～ 10+17 ～ 20。前鳃盖骨后缘微具锯齿，下缘光滑。鳃盖骨后缘具 3 枚扁棘。体被细小栉鳞；侧线鳞孔数 63 ～ 74；纵列鳞数 95 ～ 112。背鳍鳍棘部与软条部相连，无缺刻，具硬棘Ⅺ，软条 13 ～ 16；臀鳍具硬棘Ⅲ，软条 8；腹鳍腹位，末端延伸不及肛门开口；胸鳍圆形，中央之鳍条长于上下方之鳍条，长于腹鳍鳍条，短于后眼眶长；尾鳍圆形。体侧及头部呈淡灰绿色或褐色，散布暗橘红色或深褐色的圆形斑点，斑点中央颜色较周围深；体侧另有一大型的暗色斑块位于背鳍最后四根硬棘之基部；有些鱼会有 5 条暗色垂直斑纹。

【分布范围】分布于印度洋—太平洋海域，西起红海、南非，东至迪西岛，北至日本，南至澳大利亚新南威尔士及豪勋爵岛；在我国主要分布于南海海域。

【生态习性】栖息于水质清澈的珊瑚礁区，幼鱼常出现在礁盘或潮池中，成鱼则通常在较深的水域中。分布水深为 1 ～ 300 m，最大全长 100 cm。

42. 六角石斑鱼
Epinephelus hexagonatus (Forster，1801)

【英　文　名】Starspotted grouper

【别　　　名】六角格仔、石斑、花点格、鲈狸、蜂巢石斑鱼、鲙仔、花鲙

【形态特征】体长椭圆形，侧扁而粗壮，体长为体高之 2.8 ～ 3.4 倍。头背部弧形；眶间区略突。眼小，短于吻长。口大；上下颌前端具小犬齿或无，两侧齿细尖，下颌齿 3 ～ 5 列。鳃耙数 7 ～ 9+14 ～ 16。前鳃盖骨后缘微具锯齿，下缘光滑。鳃盖骨后缘具 3 枚扁棘。体被细小栉鳞；侧线鳞孔数 54 ～ 60；纵列鳞数 89 ～ 100。背鳍鳍棘部与软条部相连，无缺刻，具硬棘XI，软条 14 ～ 15；臀鳍具硬棘Ⅲ，软条 8；腹鳍腹位，末端延伸不及肛门开口；胸鳍圆形，中央之鳍条长于上下方之鳍条，长于腹鳍鳍条，短于后眼眶长；尾鳍圆形。头部及体侧呈浅褐色，满布大小约等于瞳孔之六角形暗斑，斑间隔极狭。体背沿背鳍基底有 5 个黑斑，前 4 个延伸至背鳍；眼后具一黄褐色大斑点，另有一较小斑点紧接于其后。胸鳍红褐色，具黄色线纹及斑点；余鳍具暗褐色或红褐色斑点及白色小点。

【分布范围】广泛分布于印度洋—西太平洋热带岛屿周缘海域；在我国主要分布于南海及台湾海域。

【生态习性】主要栖息于沿岸独立珊瑚礁区水域。分布水深为 0 ～ 30 m，最大全长 27.5 cm。

43. 吻斑石斑鱼
Epinephelus spilotoceps **Schultz，1953**

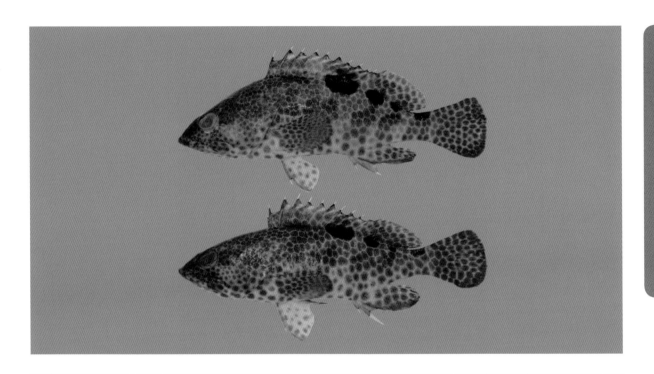

【英 文 名】Foursaddle grouper

【别 名】石斑、过鱼、鲙仔

【形态特征】体长椭圆形，侧扁而粗壮，体长为体高之3.1～3.6倍。头背部斜直；眶间区微凹。眼小，短于吻长。口大；上下颌前端具小犬齿或无，两侧齿细尖，下颌齿2～4列。鳃耙数6～9+16～18。前鳃盖骨后缘微具锯齿，下缘光滑。鳃盖骨后缘具3枚扁棘。体被细小栉鳞；侧线鳞孔数59～69；纵列鳞数86～100。背鳍鳍棘部与软条部相连，无缺刻，具硬棘Ⅺ，软条14～16；臀鳍具硬棘Ⅲ，软条8；腹鳍腹位，末端延伸不及肛门开口；胸鳍圆形，中央之鳍条长于上下方之鳍条，长于腹鳍鳍条，短于后眼眶长；尾鳍圆形。头部及体侧淡色，满布小于瞳孔之六角形暗斑，斑间隔极狭而形成白线条。体背沿背鳍基底有5个黑斑，前4个延伸至背鳍；眼后无黄褐色斑点。各鳍均具暗色斑点及白色线条。

【分布范围】分布于印度洋—太平洋之暖水域，西起非洲东岸，东至莱恩群岛，北至日本南部，南至澳大利亚；在我国主要分布于南海海域。

【生态习性】主要栖息于沿岸浅岩礁缘、水道或潟湖内的珊瑚礁区。分布水深为0～30 m，最大全长35 cm。

44. 红嘴烟鲈

Aethaloperca rogaa (Forsskål, 1775)

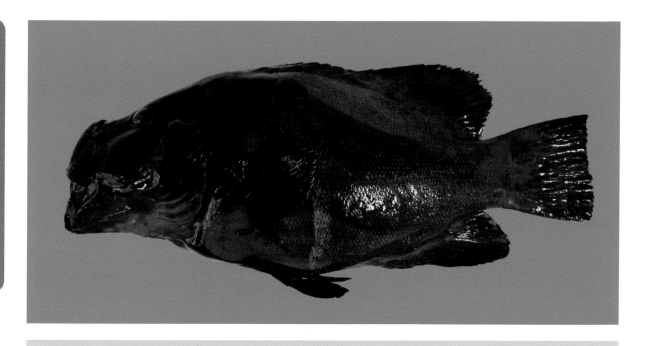

【英 文 名】Redmouth grouper

【别　　名】红嘴石斑、过鱼、珞珈鲙、黑鲙仔

【形态特征】体高而侧扁，体长为体高之 2.1 ～ 2.4 倍。头背部陡直；项部显然隆起；眶间区稍凹陷。前鳃盖圆形，后缘具微锯齿；主鳃盖具 3 枚扁平棘，中间棘最长。后鼻孔圆形或卵圆形，大于前鼻孔。上颌末端延伸至眼下方；上下颌前方具小犬齿；下颌后方具 2 ～ 4 列细小齿；腭骨具齿。鳃耙数 8 ～ 10+15 ～ 17。体被细小栉鳞；侧线鳞孔数 48 ～ 54；纵列鳞数 94 ～ 104。背鳍连续，有硬棘Ⅸ，软条 17 或 18；臀鳍具硬棘Ⅲ，软条 8 或 9；胸鳍微长于后头部，第五或第六鳍条长于中央之鳍条；尾鳍截形。体色一致为暗褐色，偶呈现橘色光泽，腹部经常见一淡色之垂直斑带；口内、鳃腔及颌膜橘红色。

【分布范围】广泛分布于印度洋—西太平洋海域，西起红海、非洲东岸，东至中太平洋吉尔伯特群岛 (Gilbert Islands)，北至日本，南迄澳大利亚，包括南非、波斯湾、阿曼湾、印度、泰国、印度尼西亚、巴布亚新几内亚、菲律宾、中国、帕劳及加罗林环礁等；在我国主要分布于南海及台湾海域。

【生态习性】主要栖息于礁石区，通常可见其在礁石洞穴内或洞穴外巡游。分布水深为 3 ～ 60 m，最大全长 60 cm。

45. 灰鳍异大眼鲷

Heteropriacanthus cruentatus (Lacepède，1801)

【英 文 名】Glasseye

【别　　名】红目鲢、严公仔

【形态特征】体略高，侧扁，呈长卵圆形。眼特大，瞳孔位于体中线上。吻短。口裂大，近乎垂直；下颌突出，颌骨、犁骨和腭骨均具齿。前鳃盖骨后缘及下缘具锯齿并具有1枚后向之强棘。头及体部皆被粗糙、坚实、不易脱落之栉鳞，唯前鳃盖后部不具鳞；侧线完全，侧线鳞孔数63～81。背鳍单一，不具深缺刻，具硬棘Ⅹ，软条11～13；臀鳍与背鳍几相对，具硬棘Ⅲ，软条13～14；背鳍及臀鳍后端圆形；胸鳍短小；腹鳍中长，短于头长；尾鳍截形或双凹形。体一致呈鲜红色或淡粉红色，散布大型红色斑块；背鳍软条部、臀鳍和尾鳍上分布黑褐色小斑点，腹鳍无斑点。

【分布范围】分布于全世界热带及亚热带海域；在我国主要分布于南海及台湾海域。

【生态习性】中深层海域的鱼类，主要栖息于潟湖及向海礁区，或是在岛屿周缘。分布水深为3～300 m，最大全长50.7 cm。

大眼鲷科 Priacanthidae

46. 金目大眼鲷
Priacanthus hamrur (Forsskål，1775)

【英 文 名】Moontail bullseye

【别　　名】红目鲢、严公仔、红目孔、红严公、红脸眶

【形态特征】体略高，侧扁，呈长卵圆形；体最高处位于背鳍第四硬棘附近。眼特大，瞳孔大半位于体中线下方。吻短。口裂大，近乎垂直；下颌突出，颌骨、犁骨和腭骨均具齿。前鳃骨后缘及下缘具锯齿并具有 1 枚后向之短强棘。鳃耙总数 24 ～ 26。头及体部皆被粗糙、坚实、不易脱落之栉鳞；侧线完全，侧线鳞孔数 70 ～ 90。背鳍单一，不具深缺刻，具硬棘 X，软条 13 ～ 15；臀鳍与背鳍几相对，具硬棘 III，软条 13 ～ 16；背鳍及臀鳍后端圆形；胸鳍短小；腹鳍中长，短于头长；尾鳍截形或双凹形。体一致呈鲜红色，有时腹部呈银白色；各鳍末端颜色较深，且鳍膜上无任何斑点。

【分布范围】分布于印度洋—太平洋海域，西起东非、红海，东至土阿莫土群岛，北至日本南部，南迄澳大利亚北部；在我国主要分布于南海及台湾海域。

【生态习性】主要栖息于较深潟湖及礁区陡坡处，昼间躲在洞穴，夜间出来觅食。分布水深为 8 ～ 250 m，最大全长 45 cm。

47. 叉尾鲷

Aphareus furca (Lacepède，1801)

【英 文 名】Small toothed jobfish

【别　　名】小齿蓝鲷、黄加甲

【形态特征】体呈长纺锤形；体长为体高之 3.1～3.2 倍。眼间隔平扁，眼前方无沟槽。下颌突出于上颌；上颌骨末端延伸至眼中部的下方；上颌骨无鳞。上下颌骨齿细小，随着成长而消失，腭骨和犁骨无齿。鳃耙数 22～23。体被中小型栉鳞，背鳍及臀鳍上均裸露无鳞；侧线完全且平直。背鳍硬软鳍条部间无深刻；背鳍与臀鳍最末之软条皆延长而较前方鳍条长；背鳍硬棘 X，软条 11；臀鳍硬棘 III，软条 8；胸鳍长约等于头长；尾鳍深叉。体背蓝灰色，体侧浅紫蓝色而带有黄色光泽，前鳃盖骨及主鳃盖骨具黑缘；背鳍、腹鳍与臀鳍鲜黄色至黄褐色；胸鳍淡色至黄色；尾鳍暗褐色而带黄缘。

【分布范围】广泛分布于印度洋—太平洋之热带海域，西起非洲东岸，东至夏威夷群岛，北自日本南部，南迄澳大利亚；在我国主要分布于东海、南海及台湾海域。

【生态习性】主要栖息于沿岸礁区。分布水深为 1～122 m，最大全长 70 cm。

48. 蓝短鳍笛鲷
Aprion virescens Valenciennes，1830

笛鲷科 Lutjanidae

【英 文 名】Green jobfish

【别　　名】青吾鱼、蓝鲷、蓝笛鲷、赤笔仔、汕午、龙占舅

【形态特征】体呈长纺锤形；体长约为体高之 3.82 倍。眼间隔平扁，眼前具一深槽。下颌突出于上颌；上颌骨末端仅延伸至眼前的下方；上颌骨无鳞。上下颌具多列细齿，外列齿扩大；上颌前端具 4 枚犬齿，下颌前端具 4～6 枚犬齿；犁骨具新月形齿带；腭骨亦具一细齿带。鳃耙数 17。体被中大型栉鳞，背鳍及臀鳍上均裸露无鳞；侧线完全且平直。背鳍硬软鳍条部间无深刻；背鳍与臀鳍最末之软条皆延长而较前方鳍条长；背鳍硬棘 X，软条 11；臀鳍硬棘 Ⅲ，软条 8；胸鳍短而圆，远短于头长；尾鳍深叉。体一致为深蓝色，背鳍第五至第九硬棘之鳍膜近基部各有一黑斑。本属全世界仅一种。

【分布范围】广泛分布于印度洋—太平洋之热带海域，西起非洲东岸，东至夏威夷群岛，北至日本南部，南迄澳大利亚；在我国主要分布于南海及台湾海域。

【生态习性】主要栖息于热带、亚热带沿岸礁区陡坡上缘、海峡或潟湖附近之开放水域。分布水深为 0～180 m，最大全长 112 cm。

49. 焦黄笛鲷
Lutjanus fulvus (Forster，1801)

【英 文 名】Blacktail snapper

【别　　名】石机仔、红公眉、赤笔仔、火烧仔、红槽、黄鸡母

【形态特征】体长椭圆形，背缘呈弧状弯曲。眼间隔平坦。前鳃盖缺刻及间鳃盖结极为显著。鳃耙数 13 ~ 17。上下颌具细齿多列，外列齿稍扩大，上颌前端具 2 ~ 4 枚犬齿，内列齿绒毛状；下颌具 1 列稀疏细尖齿，后方者稍扩大；犁骨齿带三角形，其后方无突出部；腭骨亦具绒毛状齿；舌面无齿。体被中大栉鳞，颊部及鳃盖具多列鳞；背鳍鳍条部及臀鳍基部具细鳞；侧线上方的鳞片斜向后背缘排列，侧线下方的鳞片与体轴平行。背鳍硬软鳍条部间无明显缺刻；臀鳍基底短且与背鳍软条部相对；背鳍硬棘 X，软条 14；臀鳍硬棘 III，软条 8；胸鳍长，末端达臀鳍起点；尾鳍叉形。体背红褐色，腹部银白；体侧有时具若干黄纵线而无黑斑；背鳍褐色，并具有白缘；尾鳍暗色，亦具有白缘；腹鳍和臀鳍黄色。

【分布范围】广泛分布于印度洋—太平洋海域，西起非洲东岸，东至马克萨斯群岛及莱恩群岛，北迄琉球群岛，南至澳大利亚；在我国主要分布于南海及台湾海域。

【生态习性】栖息于珊瑚礁或潟湖区。分布水深为 1 ~ 75 m，最大全长 40 cm。

50. 白斑笛鲷
Lutjanus bohar (Forsskål，1775)

笛鲷科 Lutjanidae

【英 文 名】Two-spot red snapper

【别　　名】海豚哥、红鱼曹、花脸、红槽

【形态特征】体长椭圆形，背缘呈弧状弯曲。眼间隔平坦。鼻孔下方有一沟通至眼前。前鳃盖缺刻不显著。鳃耙数 23。上下颌两侧具尖齿，外列齿较大；上颌前端具犬齿数枚；下颌前端则为排列疏松之圆锥状齿；犁骨齿带三角形，其后方没有突出部；腭骨亦具绒毛状齿；舌面无齿。体被中大栉鳞，颊部及鳃盖具多列鳞；背鳍、臀鳍和尾鳍基部大部分亦被细鳞；侧线上方的鳞片斜向后背缘排列，侧线下方的鳞片与体轴平行。背鳍硬软鳍条部间无明显缺刻；臀鳍基底短且与背鳍软条部相对；背鳍硬棘 Ⅹ，软条 13～14；臀鳍硬棘 Ⅲ，软条 8；胸鳍长，末端达臀鳍起点；尾鳍叉形。体一致为赤褐色，但体背部颜色较深且沿背缘有 2 个白斑。奇鳍及腹鳍外缘颜色亦较深。

【分布范围】广泛分布于印度洋—西太平洋海域，西起非洲东岸，东至马克萨斯群岛及莱恩群岛，北自琉球群岛，南迄澳大利亚；在我国主要分布于南海及台湾海域。

【生态习性】栖息于珊瑚礁区，包括潟湖区或外礁。分布水深为 4～180 m，最大全长 90 cm。

51. 隆背笛鲷
Lutjanus gibbus (Forsskål，1775)

笛鲷科 **Lutjanidae**

【英 文 名】Humpback red snapper

【别　　名】红鸡仔、海豚哥、红鱼仔、红鸡鱼、铁汕婆

【形态特征】体长椭圆形而高，体背于头上方陡直，有别于本属其他种类。眼间隔平坦。前鳃盖缺刻及间鳃盖结极为显著。鳃耙数 23 ～ 32。上下颌具细齿多列，外列齿稍扩大；上颌前端具 2 ～ 4 枚犬齿，内列齿绒毛状；下颌具 1 列稀疏细尖齿，后方者稍扩大；犁骨齿带三角形，其后方无突出部；腭骨亦具绒毛状齿；舌面无齿。体被中大栉鳞，颊部及鳃盖具多列鳞；背鳍鳍条部及臀鳍基部具细鳞；侧线上方的鳞片斜向后背缘排列，侧线下方的鳞片亦与体轴呈斜角。背鳍硬软鳍条部间无明显缺刻；臀鳍基底短且与背鳍软条部相对；背鳍硬棘 X，软条 14；臀鳍硬棘Ⅲ，软条 8；胸鳍长，末端达臀鳍起点；尾鳍叉形。幼鱼体色为浅灰色，上有许多细带，且由背鳍软条基部斜向尾柄下缘有明显的黑色斑块；尾鳍末缘为黄色。成鱼体色一致为鲜红色，尾鳍、背鳍和臀鳍之末端颜色较深，呈红黑色。

【分布范围】广泛分布于印度洋—西太平洋海域，西起红海及非洲东部，东至莱恩群岛和社会群岛，北至日本南部，南至澳大利亚；在我国主要分布于南海及台湾海域。

【生态习性】主要栖息于珊瑚礁区或礁沙混合区，常聚集成一大群巡游于礁体间；成鱼则移向较深海域。分布水深为 1 ～ 150 m，最大全长 50 cm。

52. 四线笛鲷
Lutjanus kasmira (Forsskål, 1775)

【英文名】Common bluestripe snapper

【别　　名】四线赤笔、条鱼、四线、赤笔仔

【形态特征】体长椭圆形，背缘呈弧状弯曲。眼间隔平坦。上下颌两侧具尖齿，外列齿较大；上颌前端具大犬齿 2 ~ 4 枚；下颌前端为排列疏松之圆锥齿；犁骨、腭骨均具绒毛状齿；舌面无齿。体被中大栉鳞，颊部及鳃盖具多列鳞；背鳍、臀鳍和尾鳍基部大部分亦被细鳞；侧线上方的鳞片斜向后背缘排列，下方的鳞片与体轴平行。背鳍硬软鳍条部间无深刻；臀鳍基底短且与背鳍软条部相对；背鳍硬棘 X，软条 14 ~ 15；臀鳍硬棘Ⅲ，软条 7 ~ 8；胸鳍长，末端达臀鳍起点；尾鳍内凹。体鲜黄色，腹部微红；体侧具 4 条蓝色纵带，且在第二与第三条蓝带间具一不明显黑点；腹面有小蓝点排列而成的细纵带。各鳍黄色，背鳍与尾鳍具黑缘。本种极易与孟加拉笛鲷 (*L. bengalensis*) 混淆，主要差别在于后者腹部无蓝色细纵带、背鳍硬棘数为Ⅺ 及背鳍与尾鳍无黑缘。

【分布范围】广泛分布于印度洋—太平洋海域，西起非洲东岸，东至马克萨斯群岛及莱恩群岛，北迄日本南部，南至澳大利亚；在我国主要分布于东海、南海及台湾海域。

【生态习性】主要栖息于沿岸礁区、潟湖区或独立礁区。分布水深为 3 ~ 325 m，最大全长 40 cm。

53. 斑点羽鳃笛鲷

Macolor macularis Fowler，1931

【英 文 名】Midnight snapper

【别　　名】琉球黑毛

【形态特征】体高而侧扁；呈长椭圆形。口中大；上下颌具细小齿带，外列齿扩大，前端具 4～6 枚犬齿；犁骨具齿。前鳃盖下缘具深缺刻。鳃耙细长，第一鳃弓下枝鳃耙数 60～70，此一特征使其有别于笛鲷科其他种类。体被中小型栉鳞，背鳍与臀鳍基底多少被鳞；侧线完全，鳞列数 50～55。幼鱼时，背鳍硬软鳍条部间具深刻，随着成长而消失；背鳍与臀鳍最末之软条皆不延长且较前方鳍条短；背鳍硬棘 X，软条 13～14(13 者居多)；臀鳍硬棘Ⅲ，软条 10；幼鱼时，腹鳍窄而长，随着成长而呈宽而短；尾鳍叉形。成鱼体色一致为灰黑色，随着成长而逐渐变黄，且头部具有蓝色纵纹及斑点；幼鱼体侧上半部黑色、有白斑，下半部白色、有 1 条黑色宽阔纵带，有一黑色宽横带贯通眼部，各鳍黑色。

【分布范围】分布于西太平洋海域，由琉球群岛到澳大利亚；在我国主要分布于南海及台湾海域。

【生态习性】主要栖息于礁石区向海的陡坡。分布水深为 3～90 m，最大全长 60 cm。

54. 黑带鳞鳍梅鲷
Pterocaesio tile (Cuvier，1830)

【英 文 名】Dark-banded fusilier

【别　　名】乌尾冬仔、红尾冬、乌尾冬、青尾冬

【形态特征】体呈长纺锤形；体长为体高之 3.8 ～ 4.4 倍。口小，端位；上颌骨具有伸缩性，且多少被眶前骨所掩盖；前上颌骨具 2 个指状突起；上下颌前方具一细齿，犁骨无齿。体被中小型栉鳞，背鳍及臀鳍基底上方一半的区域均被鳞；侧线完全且平直，仅于尾柄前稍弯曲，侧线鳞数 68 ～ 74。背鳍硬棘 X ～ XII，软条 20 ～ 21；臀鳍硬棘 III，软条 12。体背蓝绿色，腹面粉红色，体侧沿侧线有一黑褐色纵带直行至尾柄背部，并与尾鳍上叶之黑色纵带相连。各鳍红色；尾鳍下叶亦有黑色纵带。

【分布范围】分布于印度洋—西太平洋之热带海域，西起非洲东岸，东至马克萨斯群岛，北至日本，南迄新喀里多尼亚；在我国主要分布于南海及台湾海域。

【生态习性】主要栖息于沿岸潟湖或礁石区陡坡外围清澈海域，喜大群洄游于礁区之中层水域，游泳速度快且时间持久。分布水深为 1 ～ 60 m，最大全长 30 cm。

55. 斑胡椒鲷
Plectorhinchus chaetodonoides Lacepède, 1801

【英 文 名】Harlequin sweetlips

【别　　名】小丑石鲈、燕子花旦、打铁婆、花脸、厚唇石鲈、番圭志、厚唇

【形态特征】体延长而侧扁，背缘隆起呈弧形，腹缘圆。头中大，背面隆起。吻短钝而唇厚，随着成长而肿大。口小，端位，上颌突出于下颌；颌齿为多行不规则细小尖锥齿。颐部具6孔，但无纵沟亦无须。鳃耙细短，第一鳃弓鳃耙数9～12+1+27～32。体被细小弱栉鳞，侧线完全，侧线鳞数52～59。背鳍单一，中间缺刻不明显，无前向棘，硬棘Ⅺ～Ⅻ（大部分为Ⅻ），软条18～20；臀鳍基底短，鳍条Ⅲ-7；腹鳍末端延伸至肛门后；尾鳍几近截平。幼鱼体色和成鱼差异极大，幼鱼体呈褐色而有大型白色斑块散布，随着成长，身体颜色逐渐淡化，至成熟后变成全身灰色，愈近腹部体色愈淡，体侧密布黑褐色点。

【分布范围】分布于印度洋—西太平洋海域，西起苏门答腊岛，东至斐济，北至琉球群岛，南至新喀里多尼亚；在我国主要分布于南海及台湾海域。

【生态习性】主要栖息于干净的潟湖、岩礁及珊瑚礁区海域。分布水深为1～30 m，最大全长72 cm。

56. 双带胡椒鲷
Plectorhinchus diagrammus (Linnaeus，1758)

仿石鲈科 Haemulidae

【英 文 名】Striped sweetlips

【形态特征】体长椭圆形，侧扁。头背隆起。吻短钝。口裂小，唇厚，颌齿绒毛带状。尾鳍截形。头部和体侧上部分别具有 6 条和 4 条深褐色纵带。腹部无纵带。尾鳍、臀鳍和背鳍均有黑色斑点。胸鳍基部有深色小斑。体被细小弱栉鳞，侧线完全，侧线鳞数 53 ~ 56。背鳍单一，无缺刻，硬棘Ⅻ ~ Ⅻ，软条 19~20；臀鳍鳍条Ⅲ - 7 ~ 8；胸鳍鳍条 16 ~ 18。

【分布范围】分布于印度洋—西南太平洋暖水域，以及日本海南部海域；在我国主要分布于南海及台湾海域。

【生态习性】栖息于岩礁区海域。最大全长 40 cm。

57. 条斑胡椒鲷

Plectorhinchus vittatus (Linnaeus, 1758)

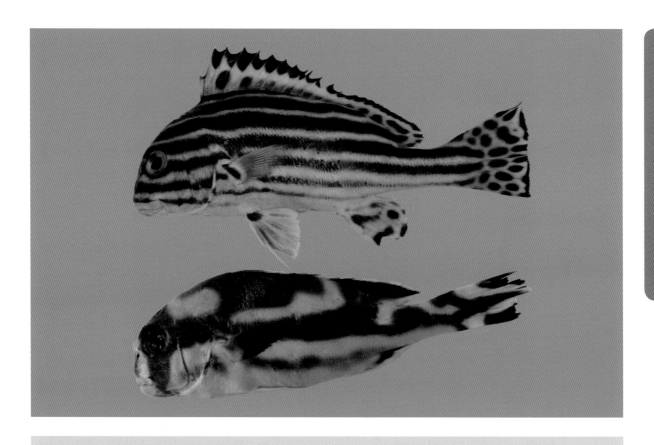

【英 文 名】Indian Ocean oriental sweetlips

【别　　　名】打铁婆、花身舅仔、六线妞妞、多带石鲈

【形态特征】体延长而侧扁，背缘隆起呈弧形，腹缘圆。头中大，背面隆起。吻短钝而唇厚，随着成长而肿大。口小，端位，上颌突出于下颌；颌齿为多行不规则细小尖锥齿。颐部具6孔，但无纵沟亦无须。鳃耙细短，第一鳃弓鳃耙数7～10+1+17～20。体被细小弱栉鳞，侧线完全，侧线鳞数56～60。背鳍单一，中间缺刻不明显，无前向棘，硬棘XIII，软条数19～20；臀鳍基底短，鳍条III‑7；尾鳍略内凹或几近截平。体灰白色，体侧共有6条由吻端至体后部之暗褐色宽纵带，而腹部之纵带较窄。各鳍淡黄色至淡白色，背鳍、臀鳍和尾鳍散布黑褐色斑点；胸鳍基部具黑褐色斑；腹鳍外侧鲜黄色，内侧淡白色，基部红色。幼鱼体及各鳍呈褐色而有大型白色斑块散布。

【分布范围】分布于印度洋—太平洋海域，西起非洲东岸，东至萨摩亚，北达日本，南迄新喀里多尼亚；在我国主要分布于南海及台湾海域。

【生态习性】主要栖息于向海之珊瑚礁区域。分布水深为2～25m，最大体长72cm。

58. 单带眶棘鲈
Scolopsis monogramma (Cuvier，1830)

【英文名】Monogrammed monocle bream

【别　　名】黑带赤尾冬、赤尾冬仔、赤尾冬、龙占舅、黄鸡母

【形态特征】体长椭圆形，侧扁；头端尖细，头背几成直线，眼间隔不隆突。吻中大。眼大；眶下骨的后上角具一锐棘，下缘有细锯齿，上缘不具前向棘。口中大，端位；颌齿细小，带状；犁骨、腭骨及舌面均不具齿。第一鳃弓下枝鳃耙数 5。体被大栉鳞；头部鳞域向前伸展至眼前，但不及后鼻孔；前鳃盖下枝骨脊具鳞；侧线鳞数46 ~ 49；侧线与背鳍硬棘部基底中点间有鳞3.5。背鳍连续而无深刻，具硬棘 X，软条9；臀鳍硬棘Ⅲ，软条7；腹鳍几达臀鳍起点；胸鳍达肛门；尾鳍上下叶在幼鱼时钝圆，成鱼则延长呈丝状。幼鱼时体侧有一黑色纵带；成鱼此带不明显，且眼前缘至主鳃盖上角及眼下至主鳃盖正中各有 1 条蓝色纵带，颊部有一黑色斜斑；体侧上半部有斜纹。

【分布范围】分布于印度洋—西太平洋海域，西起缅甸海，东至巴布亚新几内亚，北至日本南部，南至澳大利亚；在我国主要分布于南海及台湾海域。

【生态习性】通常单独或数尾在礁岩地区或礁岩外缘之沙地上活动。分布水深为2 ~ 50 m，最大全长 38 cm。

59. 双线眶棘鲈

Scolopsis bilineata (Bloch, 1793)

【英 文 名】Two-lined monocle bream

【别　　名】双带赤尾冬、石兵、鸡仔、红尾冬仔、双带乌尾冬、龙占舅、狮贵仔

【形态特征】体长椭圆形，侧扁；头端尖细，头背几成直线，眼间隔不隆突。吻中大。眼大；眶下骨的后上角具一锐棘，下缘有细锯齿，上缘具前向棘。口中大，端位；上颌末端上缘不为锯齿状；颌齿细小，带状；犁骨、腭骨及舌面均不具齿。第一鳃弓下枝鳃耙数 5～7。体被大栉鳞；头部鳞域向前伸展至前鼻孔；侧线鳞数 45～46；侧线与背鳍硬棘部基底中点间有鳞 3.5。背鳍连续而无深刻，具硬棘 X，软条 9；臀鳍硬棘Ⅲ，软条 7；腹鳍达臀鳍起点；胸鳍达肛门；尾鳍上下叶不呈丝状延长。成鱼体黄绿色或灰褐色，腹面银白色，体侧有一镶黑边之白色斜带，自眼下斜行至背鳍第十硬棘及第一软条间之基底处，另有一黄线自侧线起点迄背鳍第五硬棘基底，背鳍后方若干软条之基部有一白色大斑。背鳍软条部前部上缘、臀鳍前部及尾鳍上下缘深红或黑色。幼鱼体具 3 条黑纵线，纵线间为黄色，背鳍软条部前部上缘、臀鳍前部及尾鳍上下缘黑色。

【分布范围】分布于印度洋—西太平洋海域，西起印度尼西亚，东至瓦努阿图，北至日本南部，南至澳大利亚及新喀里多尼亚；在我国主要分布于南海及台湾海域。

【生态习性】通常单独或数尾在礁岩地区或礁岩外缘之沙地上活动。分布水深为 1～25 m，最大全长 25 cm。

60. 线纹眶棘鲈

Scolopsis lineata Quoy & Gaimard, 1824

金线鱼科
Nemipteridae

【英文名】Striped monocle bream

【别　　名】黄带赤尾冬、红海鲫、赤尾冬仔、赤尾冬、龙占舅、狮贵仔

【形态特征】体长椭圆形，侧扁；头端尖细，头背几成直线，眼间隔不隆突。吻中大。眼大；眶下骨的后上角具一锐棘，下缘有细锯齿，上缘不具前向棘。口中大，端位；颌齿细小，带状；犁骨、腭骨及舌面均不具齿。第一鳃弓下枝鳃耙数 5～7。体被大栉鳞；头部鳞域向前伸展至后鼻孔；侧线鳞数 40～46；侧线与背鳍硬棘部基底中点间有鳞 3。背鳍连续而无深刻，具硬棘 X，软条 9；臀鳍硬棘Ⅲ，软条 7；腹鳍不达臀鳍起点；胸鳍达肛门；尾鳍上下叶不呈丝状延长。体黄绿色，腹面银白色，幼鱼体具 3 条黑纵线，纵线间为黄色，成鱼时则断裂不连续。幼鱼背鳍硬棘前方有一黑斑，背鳍软条部、臀鳍及尾鳍透明。

【分布范围】分布于印度洋—西太平洋海域，西起科科斯群岛，东至瓦努阿图，北至日本南部，南至澳大利亚；在我国主要分布于南海及台湾海域。

【生态习性】通常单独或数尾在礁岩地区或礁岩外缘之沙地上活动。分布水深为 1～20 m，最大全长 25 cm。

61. 乌面眶棘鲈

Scolopsis affinis Peters，1877

金线鱼科 Nemipteridae

【英 文 名】Peters' monocle bream

【别　　名】红尾冬仔、乌面赤尾冬、赤尾冬、龙占鼻

【形态特征】体长椭圆形，侧扁；头端尖细，头背几成直线，眼间隔不隆突。吻中大。眼大；眶下骨的后上角具一锐棘，下缘有细锯齿，上缘不具前向棘。口中大，端位；颌齿细小，带状；犁骨、腭骨及舌面均不具齿。第一鳃弓下枝鳃耙数 7～8。体被大栉鳞；头部鳞域向前伸展至后鼻孔；前鳃盖下枝骨脊具鳞；侧线鳞数 43～46；侧线与背鳍硬棘部基底中点间有鳞 3.5。背鳍连续无深刻，具硬棘Ⅹ，软条 9；臀鳍硬棘Ⅲ，软条 7；腹鳍达肛门；尾鳍上下叶不呈丝状延长。体浅灰褐色，腹面银白色，有一黄褐色带自眼睛直行至尾鳍基部背缘；两眼间有一蓝带横越，眼下具另一蓝色纵带。各鳍淡黄或淡色。

【分布范围】分布于西太平洋海域，由琉球群岛至澳大利亚；在我国主要分布于南海及台湾海域。

【生态习性】通常单独或数尾在礁岩地区或礁岩外缘之沙地上活动。分布水深为 3～60 m，最大全长 24 cm。

八、鲈形目 ■073

62. 金带齿颌鲷
Gnathodentex aureolineatus (Lacepède，1802)

裸颊鲷科 Lethrinidae

【英 文 名】Striped large-eye bream

【别　　名】黄点鲷、龙占、龙占舅

【形态特征】体延长而呈长椭圆形。吻尖。眼大。口端位；两颌具犬齿及绒毛状齿，下颌犬齿向外；上颌骨上缘具锯齿。颊部具鳞4～6列；胸鳍基部内侧不具鳞；侧线鳞数68～74；侧线上鳞列数5。背鳍单一，不具深刻，具硬棘X，软条10；臀鳍硬棘Ⅲ，软条8～9；胸鳍软条15；尾鳍深分叉，两叶先端尖锐。体背暗红褐色，具数条银色窄纵纹；体侧下方银至灰色，有若干金黄色至橘褐色纵线；尾柄背部近背鳍后方数软条之基底有一大型黄斑。各鳍淡红色或透明。

【分布范围】分布于印度洋—太平洋海域，西起非洲东岸，东至土阿莫土群岛，北至日本南部，南迄澳大利亚；在我国主要分布于南海海域。

【生态习性】群居性鱼种，常常成群巡游于潟湖礁石平台或向海珊瑚礁的上缘区。分布水深为3～30 m，最大全长30 cm。

63. 裸颊鲷科未定种

64. 红裸颊鲷
Lethrinus rubrioperculatus Sato，1978

【英 文 名】Spotcheek emperor

【别　　名】龙尖、红龙、猪哥撬

【形态特征】体延长而呈长椭圆形。吻长而尖，吻上缘与上颌间的角度为54°～65°。眼间隔微突或平坦。眼大，近于头背侧。口端位；两颌具犬齿及绒毛状齿，后方侧齿呈犬齿状；上颌骨上缘平滑或稍呈锯齿状。颊部无鳞；胸鳍基部内侧不具鳞；侧线鳞数47～49；侧线上鳞列数4.5；侧线下鳞列数15～16。背鳍单一，不具深刻，具硬棘Ⅹ，软条9，第三硬棘最长；臀鳍硬棘Ⅲ，软条8，第一软条通常最长，但短于软条部之基底长；胸鳍软条13；尾鳍分叉，两叶先端尖形。体橄榄绿色，散布许多不规则斑块。唇部红色，主鳃盖后缘之无鳞区具红色斑块。各鳍淡色至粉红色。

【分布范围】分布于印度洋—太平洋海域，西起东非，东至马克萨斯群岛，北至日本南部，南至澳大利亚；在我国主要分布于台湾海域。

【生态习性】主要栖息于较深的大陆架斜坡外缘沙泥地，幼鱼一般活动于沿岸。分布水深为10～198 m，最大全长50 cm。

65. 黄唇裸颊鲷
***Lethrinus xanthochilus* Klunzinger，1870**

【英 文 名】Yellowlip emperor

【别　　名】龙尖、龙占

【形态特征】体延长而呈长椭圆形。吻中短而略钝，吻上缘与上颌间的角度为 45°～ 60°。眼间隔凹入。眼大，近于头背侧。口端位；两颌具犬齿及绒毛状齿，后方侧齿呈犬齿状；上颌骨上缘平滑。颊部无鳞；胸鳍基部内侧不具鳞；侧线鳞数 47～48；侧线上鳞列数 4.5；侧线下鳞列数 15～16。背鳍单一，不具深刻，具硬棘 X，软条 9，第三硬棘最长；臀鳍硬棘 III，软条 8，第一软条通常最长，但等于或短于软条部之基底长；胸鳍软条 13；尾鳍分叉，两叶先端尖形。体灰黄色，散布不规则之暗点；唇部黄色，尤以上唇为甚；胸鳍基部具红点。背鳍、尾鳍灰黄色至黄褐色；余鳍淡黄色。

【分布范围】分布于印度洋—太平洋海域，西起东非、红海，东至马克萨斯群岛，北至日本南部，南至澳大利亚；在我国主要分布于南海及台湾海域。

【生态习性】主要栖息于潟湖、内湾、珊瑚礁区或海草场海域。分布水深为 5～150 m，最大叉长 70 cm。

66. 短吻裸颊鲷
Lethrinus ornatus Valenciennes，1830

【英 文 名】Ornate emperor

【别 名】龙尖、红龙、猪哥仔、厚唇

【形态特征】体延长而呈长椭圆形。吻短而钝，吻上缘与上颌间的角度为 64°～73°。眼间隔突起。眼大，近于头背侧。口端位；两颌具犬齿及绒毛状齿，后方侧齿呈圆形而有犬齿尖或为臼齿但呈块状；上颌骨上缘平滑或稍呈锯齿状。颊部无鳞；胸鳍基部内侧具鳞；侧线鳞数 46～47；侧线上鳞列数 5.5；侧线下鳞列数 16～17。背鳍单一，不具深刻，具硬棘 X，软条 9，第四或第五硬棘最长；臀鳍硬棘Ⅲ，软条 8，第一软条通常最长，但等于或短于软条部之基底长；胸鳍软条 13；尾鳍分叉，两叶先端尖形。体呈浅黄褐色，体侧有 5～6 条黄色或橙色纵带；鳃盖缘及眼缘上下有少许红色斑。背鳍、尾鳍呈朱红色；胸鳍、腹鳍及臀鳍黄色。

【分布范围】分布于印度洋—西太平洋海域，西起马尔代夫，东至巴布亚新几内亚，北至日本南部，南至澳大利亚北部；在我国主要分布于南海及台湾海域。

【生态习性】主要栖息于潟湖、内湾、珊瑚礁区或海草场，或在其外缘沙地上巡游。分布水深为 5～30 m，最大全长 45 cm。

67. 尖吻裸颊鲷
Lethrinus olivaceus Valenciennes, 1830

【英 文 名】Longface emperor

【别　　名】猪哥仔、龙尖、海猪哥、猪哥撬、青嘴鸟

【形态特征】体延长而呈长椭圆形。吻长而尖，吻上缘与上颌间的角度为40°～50°。眼间隔微突或平坦。眼大，近于头背侧。口端位；两颌具犬齿及绒毛状齿，后方侧齿呈犬齿状；上颌骨上缘平滑。颊部无鳞；胸鳍基部内侧不具鳞；侧线鳞数46～48；侧线上鳞列数5.5；侧线下鳞列数16～17。背鳍单一，不具深刻，具硬棘X，软条9，第三或第四硬棘最长；臀鳍硬棘Ⅲ，软条8，第一软条通常最长，但等于或短于软条部之基底长；胸鳍软条13；尾鳍分叉，两叶先端尖形。体呈灰褐色至黄褐色，散布许多不显之不规则斑块；吻部具暗色波纹；上颌偏红，于口角处为深红色。

【分布范围】分布于印度洋—西太平洋海域，西起东非、红海，东至萨摩亚，北至日本南部，南至澳大利亚北部；在我国主要分布于台湾海域。

【生态习性】主要栖息于较深的潟湖、岩礁区或珊瑚礁外缘沙泥地，幼鱼一般活动于沿岸。分布水深为1～185 m，最大全长100 cm。

68. 赤鳍裸颊鲷
Lethrinus erythropterus Valenciennes，1830

【英 文 名】Longfin emperor

【别　　名】龙尖、龙占

【形态特征】体延长而呈长椭圆形。吻中短而略钝，吻上缘与上颌间的角度为53°~64°。眼间隔突起。眼大，近于头背侧，但随着成长而渐分离。口端位；两颌具犬齿及绒毛状齿，后方侧齿呈臼齿状；上颌骨上缘平滑或稍呈锯齿状。颊部无鳞；胸鳍基部内侧具鳞；侧线鳞数 44 ~ 46；侧线上鳞列数 4.5；侧线下鳞列数 15 ~ 17。背鳍单一，不具深刻，具硬棘 X，软条 9，第四或第五硬棘最长；臀鳍硬棘 III，软条 8，第三、第四或第五软条通常最长，长于软条部之基底长；胸鳍软条 13；尾鳍分叉，两叶先端钝圆。头及体侧褐色或锈红色，腹面较淡；尾柄处有时具 2 条淡色横带；眼周围、眼下斜至吻端、唇部及胸鳍基部红色。各鳍鲜红或橘红色。

【分布范围】分布于印度洋—西太平洋海域，包括坦桑尼亚、莫桑比克、查戈斯群岛，东至菲律宾、帕劳及加罗林群岛，北至台湾海峡，南至澳大利亚北部；在我国主要分布于台湾海域。

【生态习性】主要栖息于沿岸珊瑚礁或岩礁区外缘的沙泥地。分布水深为 2 ~ 25 m，最大全长 50 cm。

69. 阿氏裸颊鲷

Lethrinus atkinsoni Seale， 1910

【英 文 名】Pacific yellowtail emperor

【别　　名】龙尖、龙占、红龙

【形态特征】体延长而呈长椭圆形。吻中短而略钝，吻上缘与上颌间的角度为 65° ～ 70°。眼间隔突起或微突。眼大，近于头背侧。口端位；两颌具犬齿及绒毛状齿，后方侧齿呈圆形或臼齿状；上颌骨上缘平滑或稍呈锯齿状。颊部无鳞，胸鳍基部内侧具鳞；侧线鳞数 46 ～ 47；侧线上鳞列数 4.5；侧线下鳞列数 14 ～ 16。背鳍单一，不具深刻，具硬棘 X，软条 9，第三或第四硬棘最长；臀鳍硬棘 Ⅲ，软条 8，第一软条通常最长，但短于、等于或略长于软条部之基底长；胸鳍软条 13；尾鳍分叉，两叶先端尖形。体背侧蓝灰色至橄榄黄色，腹面白色；头部褐色，唇部红色。各鳍淡黄或橘红色，多少具红缘。

【分布范围】分布于太平洋海域，西起印度尼西亚、菲律宾，东至土阿莫土群岛，北至日本南部，南迄澳大利亚北部；在我国主要分布于台湾海域。

【生态习性】主要栖息于潟湖或岩礁区外缘的沙泥地。分布水深为 2 ～ 30 m，最大全长 50 cm。

70. 单列齿鲷
Monotaxis grandoculis (Forsskål，1775)

【英 文 名】Humpnose big-eye bream

【别　　名】大眼黑鲷、月白、大目黑格

【形态特征】体略延长而呈椭圆形；眼前之头背部隆起。吻略钝圆。眼大，近于头背部。口端位；两颌具绒毛状细齿及圆锥状齿；上颌骨上缘平滑。颊部具鳞；胸鳍基部内侧具鳞；侧线鳞数 46 ~ 48；侧线上鳞列数 5.5。背鳍单一，不具深刻，具硬棘 Ⅹ，软条 10；臀鳍硬棘 Ⅲ，软条 9；胸鳍软条 14；尾鳍分叉，两叶先端尖形。体褐色而带银色光泽；唇部橘黄色；胸鳍除黑色之基部外为红色；背鳍及臀鳍基部黑色；幼鱼体侧有 3 条黑色宽横带，尾鳍上下缘均黑色。

【分布范围】分布于印度洋—太平洋海域，西起东非、红海，东至秘鲁，北至日本南部及夏威夷群岛，南至澳大利亚；在我国主要分布于南海及台湾海域。

【生态习性】主要栖息于较深的岩礁区或珊瑚礁外缘沙泥地，幼鱼一般活动于沿岸。分布水深为 1 ~ 100 m，最大全长 60 cm。

71. 长鳍鲵
Kyphosus cinerascens (Forsskål，1775)

【英 文 名】Blue sea chub

【别　　名】白毛、开旗、黑番、元仔板、开基、黑毛

【形态特征】体呈长椭圆形，侧扁，头背微突。头短，吻钝，唇较薄。眼中大或小。口小，口裂近水平。上颌骨不为眶前骨所覆盖。颌齿多行，外行齿呈门齿状，内行齿呈绒毛状；犁骨、腭骨和舌上皆具齿。体被中大栉鳞，不易脱落；头部被细鳞；吻部无鳞；背鳍、臀鳍及尾鳍基部均具细鳞；侧线完全，与背缘平行，侧线鳞数 50 ~ 52(通常为 51)。背鳍硬棘 X ~ XI (通常为 XI)，软条 12；臀鳍Ⅲ，软条 11；背鳍最长软条长于最长之硬棘；尾鳍叉形。体灰褐色至青褐色，背部颜色较深，腹部颜色较淡，偏银白色，身上有许多黄色纵斑；眼眶下方具白纹；各鳍色暗。

【分布范围】分布于印度洋—太平洋海域，西自红海、非洲东部，东至夏威夷群岛，北至日本南部，南至澳大利亚；在我国主要分布于东海、南海及台湾海域。

【生态习性】栖息于面海的岩礁区、海藻床、潟湖或外礁激浪区等。分布水深为 1 ~ 45 m，最大叉长 50.7 cm。

72. 低鳍鲶
Kyphosus vaigiensis (Quoy & Gaimard，1825)

【英 文 名】Brassy chub

【别　　名】白毛、白闷、开基

【形态特征】体呈长椭圆形，侧扁，头背微突。头短，吻钝，唇较薄。眼中大或小。口小，口裂近水平。上颌骨不为眶前骨所覆盖。颌齿多行，外行齿呈门齿状，内行齿呈绒毛状；犁骨、腭骨和舌上皆具齿。体被中大栉鳞，不易脱落；头部被细鳞；吻部无鳞；背鳍、臀鳍及尾鳍基部均具细鳞；侧线完全，与背缘平行，侧线鳞数 77～80。背鳍硬棘XI，软条 13～15(通常为 14)；臀鳍III，软条 12～13(通常为 13)；背鳍最长软条等长于或短于最长之硬棘；尾鳍叉形。体灰褐色至青褐色，亦有黄化的种类，背部颜色较深，腹部颜色较淡，偏银白色；身上有许多黄色纵斑；眼眶下方具白纹；各鳍色暗。

【分布范围】分布于印度洋—太平洋海域，西自红海、非洲东部、非洲南部，东至夏威夷群岛、土阿莫土群岛，北至日本南部，南至澳大利亚；在我国主要分布于南海及台湾海域。

【生态习性】栖息于面海的岩礁区、海藻床、潟湖或外礁激浪区等。分布水深为 0～40 m，最大全长 70 cm。

73. 黑尻鲹

Caranx melampygus Cuvier, 1833

【英 文 名】Bluefin trevally

【别　　名】甘仔鱼、白鲹仔、瓜仔

【形态特征】体呈长椭圆形。背部轮廓仅略比腹部轮廓弯曲。头背部适度弯曲。吻稍尖。上下颌约等长，上颌末端延伸至眼前缘之下方。脂性眼睑不发达，前部仅一小部分，后部在大型成鱼时可达眼后缘。鳃耙数 (含瘤状鳃耙)25 ~ 28。体被小型圆鳞，胸部完全具鳞。侧线前部中度弯曲，直走部始于第二背鳍第五至第六软条之下方，直走部几全为棱鳞。背鳍 2 个，第一背鳍硬棘Ⅷ，第二背鳍鳍条 I - 21 ~ 24；臀鳍硬棘Ⅱ - I，软条 17 ~ 20。第二背鳍与臀鳍同形，前方鳍条呈弯月形，不延长为丝状。幼鱼时，体色银灰，除胸鳍为淡黄色外，各鳍淡色或暗灰色。随着成长，体背逐渐呈蓝灰色，腹部银白色，头部及体侧上半部也逐渐出现蓝黑色小点。

【分布范围】广泛分布于印度洋—太平洋之热带及亚热带海域；在我国主要分布于南海及台湾海域。

【生态习性】主要栖息于近沿海礁石底质水域，幼鱼时偶尔可发现于沿岸沙泥底质水域，稚鱼时可发现于河口区，甚至河川下游。分布水深为 0 ~ 190 m，最大叉长 117 cm。

74. 六带鲹

Caranx sexfasciatus Quoy & Gaimard，1825

【英 文 名】Bigeye trevally

【别　　名】甘仔鱼、红目瓜仔、红目鲭、大瓜仔

【形态特征】体呈长椭圆形，侧扁而高，随着成长，身体逐渐向后延长。背部平滑弯曲，腹部则缓。脂性眼睑发达，前部达眼之前缘，后部可达瞳孔后缘。吻稍尖。上颌末端延伸至眼后缘之下方。鳃耙数（含瘤状鳃耙）22～25。体被圆鳞，胸部完全具鳞。侧线前部中度弯曲，直走部始于第二背鳍第四至第五软条之下方，直走部全为棱鳞。背鳍2个，第一背鳍硬棘Ⅷ，第二背鳍鳍条Ⅰ-21～24；臀鳍硬棘Ⅱ-Ⅰ，软条17～20。幼鱼时，体侧具5～6条黑色的横带；中鱼时，体背蓝色，腹部银白，体侧横带开始不甚明显，各鳍淡色或淡黄色，尾鳍另具黑缘；成鱼时，体侧呈橄榄绿色，腹部银白，第二背鳍墨绿色至黑色，前方鳍条末端具白缘。棱鳞一致为暗色至黑色。鳃盖后缘上方具一小黑点，大小不及瞳孔之一半。

【分布范围】广泛分布于印度洋—太平洋之温带及热带海域；在我国主要分布于黄海、东海、南海及台湾海域。

【生态习性】主要栖息于近沿海礁石底质水域，幼鱼时偶尔可发现于沿岸沙泥底质水域，稚鱼时可发现于河口区，甚至河川之中、下游。分布水深为0～146 m，最大全长120 cm。

75. 平线若鲹

Carangoides ferdau (Forsskål，1775)

【英 文 名】Blue trevally

【别　　名】甘仔鱼、印度平鲹、白鲹仔、瓜仔

【形态特征】体呈椭圆形。头背轮廓仅略突出于腹部轮廓。吻钝圆。上下颌约等长，上颌末端延伸至眼前缘之下方。脂性眼睑不发达。鳃耙数 (含瘤状鳃耙)24 ~ 27。体被小圆鳞；胸部裸露区自胸部 1/3 处向下延伸，后缘仅达腹鳍基底之起点。侧线直走部始于第二背鳍第十八至第十九鳍条，仅后半部具有棱鳞。背鳍 2 个，第一背鳍硬棘Ⅷ，第二背鳍鳍条Ⅰ- 26 ~ 34；臀鳍硬棘Ⅱ- Ⅰ，软条 21 ~ 27。第二背鳍与臀鳍同形，前方鳍条呈弯月形，随成长而渐缩短，成鱼时，长度等于或略小于头长。体背蓝绿色，腹部银白。体侧具显著之暗色横斑，侧线上方或散布不显著之金黄色小点，或无。各鳍呈黄色；臀鳍具白色缘；尾鳍具黑色缘。

【分布范围】广泛分布于印度洋—太平洋海域，西起非洲东岸，东至夏威夷群岛，北迄日本，南抵澳大利亚；在我国主要分布于南海及台湾海域。

【生态习性】主要栖息于礁沙底质水域。分布水深为 1 ~ 60 m，最大全长 70 cm。

76. 褐色圣天竺鲷
Nectamia fusca (Quoy & Gaimard，1825)

【英 文 名】Ghost cardinalfish

【别　　名】大面侧仔、大目侧仔

【形态特征】体长圆而侧扁。头大。吻长。眼大。前鳃盖棘完全，唯边缘平滑，尾鳍叉状。背鳍Ⅶ，Ⅰ-8~9；臀鳍Ⅱ-8；胸鳍13。体呈黄铜色或银白色，在尾柄上部有一暗鞍带，除第一背鳍前部暗棕色外，其他各鳍淡色；眼下方到前鳃盖角处另有一暗色窄带延伸，其宽度远不及瞳孔直径之1/2。

【分布范围】分布于印度洋—太平洋海域，西起红海、西太平洋热带海域，东到琉球群岛，南迄澳大利亚；在我国主要分布于南海及台湾海域。

【生态习性】主要栖息于潟湖或礁台之枝状珊瑚区。分布水深为1~20 m，最大全长11.2 cm。

77. 三斑天竺鲷
Pristicon trimaculatus (Cuvier，1828)

【英 文 名】Three-spot cardinalfish

【别　　名】大面侧仔、大目侧仔、大目丁

【形态特征】体长圆而侧扁。头大。吻长。眼大。尾鳍呈叉状。背鳍Ⅵ，Ⅰ-9；臀鳍Ⅱ-8；胸鳍14。浸泡于福尔马林后体红棕色；体侧有2条暗棕色横带：第一条自第一背鳍前部到腹部，第二条自第二背鳍基底末端到臀鳍末端；在第二背鳍起点处另有一短横斑；尾柄中央有一小眼点。每一背鳍都有暗棕色带；腹鳍透明；尾鳍暗色。

【分布范围】分布于西太平洋海域，由中国至澳大利亚大堡礁，东至马绍尔群岛；在我国主要分布于台湾海域。

【生态习性】主要栖息于近岸之珊瑚礁区。分布水深为 1 ~ 35 m，最大体长 14.2 cm。

78. 丽鳍棘眼天竺鲷
***Pristiapogon kallopterus* (Bleeker，1856)**

（左侧竖排）天竺鲷科 Apogonidae

【英 文 名】Iridescent cardinalfish

【别 名】大面侧仔、大目侧仔、棘头天竺鲷

【形态特征】体近菱形而侧扁。头大。吻长。眼大。前鳃盖骨和眼下骨有锯齿。主上颌骨到达眼睛的中央下方。背鳍Ⅶ，Ⅰ-9；臀鳍Ⅱ-8；胸鳍13。体呈棕黄或淡红褐色，各鳞片皆具深色缘；自吻端至尾柄有一水平纵带；尾柄侧线上方有大斑点。第一背鳍前3根硬棘间膜为黑色；第二背鳍基底下方体侧具一不显之暗色鞍状斑；另外，第二背鳍和臀鳍各有一条与基底平行的褐色点带纵纹。

【分布范围】分布于印度洋—太平洋海域，西起红海至南非，东至莱恩群岛及马克萨斯群岛等，北至中国、日本及夏威夷群岛，南迄新西兰及拉帕岛等；在我国主要分布于台湾海域。

【生态习性】主要栖息于相当清澈水域之礁台、潟湖区或面海之礁区。分布水深为3～158 m，最大全长15.5 cm。

79. 短须副绯鲤

Parupeneus ciliatus (Lacepède, 1802)

【英 文 名】Whitesaddle goatfish

【别　　名】秋姑、须哥、蓬莱海绯鲤、红秋哥

【形态特征】体延长而稍侧扁，呈长纺锤形。头稍大；口小；吻长而钝尖；上颌仅达吻部的 1/3 处；上下颌均具单列齿，齿中大，较钝，排列较疏；犁骨与腭骨无齿。具颏须 1 对，末端达眼眶后缘下方。前鳃盖骨后缘平滑；鳃盖骨具两短棘；鳃膜与峡部分离；鳃耙数 6～8＋23～27。体被弱栉鳞，易脱落，腹鳍基部具一腋鳞，眼前无鳞；侧线鳞数 28～30，上侧线管呈树枝状。背鳍 2 个，彼此分离；胸鳍软条 15(少数为 14)；尾鳍叉尾形。体色多变，灰白色至淡红色，除腹部外，各鳞片均是从红褐色变化为暗褐色；自吻经眼睛至背鳍软条基有一深色纵带，纵带上下各有一白色带；背鳍软条后部有一白斑或不显，白斑后另有一鞍状斑或不显；背鳍与尾鳍灰绿色至淡红色；背鳍及臀鳍膜散布淡白色斑点，有时不显；胸鳍、臀鳍与腹鳍黄褐色至淡红色；颏须淡褐色至黄褐色。

【分布范围】广泛分布于印度洋—太平洋海域，西起西印度洋，东到莱恩群岛、马克萨斯群岛及土阿莫土群岛，北起琉球群岛，南至澳大利亚及拉帕岛；在我国主要分布于台湾海域。

【生态习性】主要栖息于岩礁区沿岸或内湾的沙质海底或海藻床。分布水深为 2～91 m，最大全长 38 cm。

80. 多带副绯鲤
Parupeneus multifasciatus (Quoy & Gaimard，1825)

羊鱼科 Mullidae

【英 文 名】Manybar goatfish

【别　　名】老爷、秋姑、须哥、黑点秋哥、黑尾秋哥

【形态特征】体延长而稍侧扁，呈长纺锤形。头稍大；口小；吻长而钝尖；上颌仅达吻部的中央，后缘为斜向弯曲；上下颌均具单列齿，齿中大，较钝，排列较疏；犁骨与腭骨无齿。具颏须 1 对，末端达眼眶后方。前鳃盖骨后缘平滑；鳃盖骨具两短棘；鳃膜与峡部分离；鳃耙数 5 ~ 7 + 18 ~ 21。体被弱栉鳞，易脱落，腹鳍基部具一腋鳞，眼前无鳞；侧线鳞数 28 ~ 30，上侧线管呈树枝状。背鳍 2 个，彼此分离；第二背鳍最后软条特长；胸鳍软条 15 ~ 17(通常为 16)；尾鳍叉尾形。体淡灰至棕红色；吻部至眼后有一短纵带；第二背鳍基及鳍后呈黑色，末缘及臀鳍膜上有黄色纵带。体侧具 5 条横带，第一条在第一背鳍前方体侧，第二条在第一背鳍下方体侧，第三条较窄、在第一背鳍与第二背鳍间，第四条在第二背鳍下方体侧，第五条在尾柄侧方。

【分布范围】广泛分布于印度洋—太平洋海域，西起圣诞岛，东到夏威夷群岛、马克萨斯群岛及土阿莫土群岛，北起琉球群岛，南至豪勋爵岛及拉帕岛；在我国主要分布于南海及台湾海域。

【生态习性】主要栖息于珊瑚礁外缘的沙地，或者是碎礁地上。分布水深为 3 ~ 161 m，最大全长 35 cm。

81. 三带副绯鲤
Parupeneus trifasciatus (Lacepède，1801)

【英 文 名】Doublebar goatfish

【别　　名】秋姑、须哥

【形态特征】体呈长椭圆形，侧扁。头较大。吻长，钝尖。眼小，近头后背缘。眼间隔窄，为头长的 28% ~ 30%。口小。具颏须 1 对，末端不达鳃盖后缘。体色黄褐色，有 3 条宽的黑色横带。背鳍Ⅷ，9；臀鳍 7；胸鳍 15 ~ 16。侧线鳞数 27 ~ 30。

【分布范围】分布于印度洋—西太平洋海域，以及日本南部海域；在我国主要分布于南海及台湾海域。

【生态习性】栖息于热带珊瑚礁海域。分布水深为 1 ~ 80 m，最大全长 35 cm。

82. 黑斑副绯鲤

Parupeneus pleurostigma (Bennett，1831)

【英 文 名】Sidespot goatfish

【别　　名】秋姑、须哥、黑点秋哥、外海秋哥

【形态特征】体延长而稍侧扁，呈长纺锤形。头稍大；口小；吻长而钝尖；上颌仅达吻部的中央；上下颌均具单列齿，齿中大，较钝，排列较疏；犁骨与腭骨无齿。具颏须 1 对，末端达眼眶后缘下方，或稍后方。前鳃盖骨后缘平滑；鳃盖骨具两短棘；鳃膜与峡部分离；鳃耙数 6 ～ 8 + 21 ～ 25。体被弱栉鳞，易脱落，腹鳍基部具一腋鳞，眼前无鳞；侧线鳞数 27 ～ 28，上侧线管呈树枝状。背鳍 2 个，彼此分离；第二背鳍最后软条延长；胸鳍软条 15 ～ 17(通常为 16)；尾鳍叉尾形。体呈黄灰色至淡红色；体侧鳞片上通常有淡蓝色至白色之斑点，头部通常有不规则之蓝纹围绕着眼眶；第一背鳍后部下方具一黑斑，其后另具一白色椭圆形大斑；第二背鳍基底黑色。

【分布范围】广泛分布于印度洋—太平洋海域，西起非洲东岸，东到夏威夷群岛、马克萨斯群岛及土阿莫土群岛，北起琉球群岛，南至豪勋爵岛及拉帕岛；在我国主要分布于南海及台湾海域。

【生态习性】主要栖息于向海礁坡沙石底质的栖地，或海藻密生的隐秘处。分布水深为 1 ～ 120 m，最大全长 33 cm。

83. 条斑副绯鲤

Parupeneus barberinus (Lacepède，1801)

羊鱼科 Mullidae

【英文名】Dash-and-dot goatfish

【别　　名】大条、秋姑、须哥、番秋哥、海汕秋哥

【形态特征】体延长而稍侧扁，呈长纺锤形。头稍大；口小；吻长而钝尖；上颌达近吻部 2/3 处；上下颌均具单列齿，齿中大，较钝，排列较疏；犁骨与腭骨无齿。具颏须 1 对，末端达眼眶后缘下方，或稍后方。前鳃盖骨后缘平滑；鳃盖骨具两短棘；鳃膜与峡部分离；鳃耙数 6 ~ 7 + 20 ~ 25。体被弱栉鳞，易脱落，腹鳍基部具一腋鳞，眼前无鳞；侧线鳞数 27 ~ 28，上侧线管呈树枝状。背鳍 2 个，彼此分离；胸鳍软条 16 ~ 18(通常为 17)；尾鳍叉尾形。体银白或粉红色，由吻部经眼睛至背鳍软条部下方具一黑褐色纵带；尾柄近尾鳍基部有一大圆形黑斑；背鳍硬棘部灰色，具浅粉红色斑，软条部与臀鳍浅红褐色；腹鳍与尾鳍红褐色；颏须浅红褐色。

【分布范围】广泛分布于印度洋—太平洋海域，西起非洲东部，东到莱恩群岛、马克萨斯群岛及土阿莫土群岛，北起琉球群岛，南至澳大利亚；在我国主要分布于南海及台湾海域。

【生态习性】主要栖息于温暖向海的礁坡礁区、潟湖等内外侧泥沙地，或满布绿色植被的海藻床。分布水深为 1 ~ 100 m，最大全长 60 cm。

84. 印度副绯鲤
Parupeneus indicus (Shaw, 1803)

【英 文 名】Indian goatfish

【别　　名】秋姑、须哥、番秋哥、黑点秋哥

【形态特征】体延长而稍侧扁，呈长纺锤形。头稍大；口小；吻长而钝尖；上颌仅达吻部的中央，后缘斜向弯曲；上下颌均具单列齿，齿中大，较钝，排列较疏；犁骨与腭骨无齿。具颏须1对，末端达眼眶后方。前鳃盖骨后缘平滑；鳃盖骨具两短棘；鳃膜与峡部分离；鳃耙数5～7+18～21。体被弱栉鳞，易脱落，腹鳍基部具一腋鳞，眼前无鳞；侧线鳞数28～30，上侧线管呈树枝状。背鳍2个，彼此分离；胸鳍软条15～17(通常为16)；尾鳍叉尾形。体黄褐色至灰绿色；尾柄每侧具一大圆形黑斑；背鳍硬棘部与软条部间下方之侧线上有一金黄斑；背鳍硬棘部褐色，软条部与臀鳍透明且具3～4条褐色水平纹；颏须黄褐色。

【分布范围】广泛分布于西太平洋海域，西起非洲东部，东至萨摩亚，北至琉球群岛，南至新喀里多尼亚及汤加等；在我国主要分布于南海及台湾海域。

【生态习性】主要栖息于岩礁或珊瑚礁外围的沙泥地，或温暖的海草场。分布水深为10～30 m，最大全长45 cm。

85. 圆口副绯鲤

Parupeneus cyclostomus (Lacepède，1801)

【英文名】Gold-saddle goatfish

【别　　名】秋姑、须哥、秋哥

【形态特征】体延长而稍侧扁，呈长纺锤形。头稍大；口小；吻长而钝尖；上颌仅达吻部的中央处；上下颌均具单列齿，齿中大，较钝，排列较疏；犁骨与腭骨无齿。具颏须1对，极长，达鳃盖后缘之后，甚至几达腹鳍基部。前鳃盖骨后缘平滑；鳃盖骨具两短棘；鳃膜与峡部分离；鳃耙数 6 ～ 7 + 22 ～ 26。体被弱栉鳞，易脱落，腹鳍基部具一腋鳞，眼前无鳞；侧线鳞数 27 ～ 28，上侧线管呈树枝状。背鳍2个，彼此分离；胸鳍软条 15 ～ 17(通常为 16)；尾鳍叉尾形。体色具二型：一为灰黄色，各鳞片具蓝色斑点，尾柄具黄色鞍状斑，眼下方具多条不规则之蓝纹，各鳍与颏须皆为黄褐色，第二背鳍和臀鳍具蓝色斜纹，尾鳍具蓝色平行纹；一为黄化种，体一致为黄色，尾柄具亮黄色鞍状斑，眼下方具多条不规则之蓝纹。

【分布范围】广泛分布于印度洋—太平洋海域，西起红海，东到夏威夷群岛、马克萨斯群岛及土阿莫土群岛，北起琉球群岛，南至新喀里多尼亚及拉帕岛；在我国主要分布于南海海域。

【生态习性】主要栖息于沿岸珊瑚礁、岩礁区、潟湖区或内湾的沙质海底或海藻床。分布水深为 2 ～ 125 m，最大全长 50 cm。

86. 无斑拟羊鱼
Mulloidichthys vanicolensis (Valenciennes，1831)

【英 文 名】Yellowfin goatfish

【别　　名】秋姑、须哥、臭肉

【形态特征】体延长而稍侧扁，呈长纺锤形。吻钝尖，口小；上颌后部圆，不达眼前缘下方；颏须达前鳃盖后缘垂线；上下颌齿绒毛状，犁骨与腭骨无齿。鳃盖具一扁平棘。鳞片小，头与体被栉鳞，腹鳍基部具一腋鳞，眼前及吻端无鳞；侧线完整，侧线鳞之侧线管分支；侧线鳞数 33 ～ 36。背鳍 2 个，完全分离；臀鳍与第二背鳍相对；尾鳍深叉形。体背红褐色，体侧淡红色至白色，腹部呈白色；体侧有 1 条金黄色纵带，胸鳍后上方不具黑点。腹膜为暗色。各鳍在鱼体新鲜时呈现鲜黄色。

【分布范围】广泛分布于印度洋—太平洋海域，西起红海，东到夏威夷群岛、马克萨斯群岛及土阿莫土群岛，北起琉球群岛，南至豪勋爵岛；在我国主要分布于南海及台湾海域。

【生态习性】主要栖息于礁台、礁区或潟湖区干净的水域，行群栖性活动。分布水深为 1 ～ 113 m，最大全长 38 cm。

87. 奥奈银鲈
Gerres oyena (Forsskål，1775)

【英 文 名】Common silver-biddy

【别　　名】碗米仔、淹米、长身淹米

【形态特征】体呈长卵圆形，体长为体高的 3.0 ～ 3.3 倍，体背于背鳍起点处略为弯曲，与水平方向轴约呈 35°。口小唇薄，伸缩自如，伸出时向下垂。眼大，吻尖。上下颌齿细长，呈绒毛状；犁骨、腭骨及舌面皆无齿。体被薄圆鳞，易脱落；背鳍及臀鳍基底具鳞鞘；侧线完全，呈弧状，至尾鳍基底之侧线鳞数 35 ～ 39，尾鳍基底之有孔鳞 3 或 4；侧线上鳞列数 3.5(侧线至背鳍第五硬棘，不含侧线鳞)。背鳍单一，具硬棘Ⅸ，第二硬棘最长，但短于头长；臀鳍第二硬棘细尖状，短于或等于眼径；胸鳍短，末端仅及肛门；尾鳍深叉形，最长鳍条约与胸鳍等长。体呈银白色，体背淡橄榄色；体侧具 7 ～ 8 条不显著的横带；背鳍硬棘部具黑缘，有时会延伸至软条部；尾鳍亦具有暗色缘。

【分布范围】分布于印度洋—西太平洋海域，西起红海及非洲东岸，东至西太平洋各群岛；在我国主要分布于东海、南海及台湾海域。

【生态习性】栖息在沿岸沙泥地，亦可发现于河口、内湾、红树林等地，在珊瑚礁区周围之沙地亦常见。分布水深为 0 ～ 20 m，最大全长 30 cm。

88. 长圆银鲈
Gerres oblongus Cuvier，1830

【英 文 名】Slender silver-biddy

【别　　名】碗米仔

【形态特征】体细而侧扁，体长为体高的 3.1 ~ 3.4 倍，体背于背鳍起点处略为弯曲，与水平方向轴约呈 30°。口小唇薄，伸缩自如，伸出时向下垂。眼大，吻尖。上下颌齿细长，呈绒毛状；犁骨、腭骨及舌面皆无齿。体被薄圆鳞，易脱落；背鳍及臀鳍基底具鳞鞘；侧线完全，呈弧状，至尾鳍基底之侧线鳞数 44 ~ 45，尾鳍基底之有孔鳞 4 或 5；侧线上鳞列数 4.5 ~ 5.5(侧线至背鳍第五硬棘，不含侧线鳞)。背鳍单一，具硬棘Ⅸ，第二硬棘最长而略呈丝状，略长于或等于头长；臀鳍第二硬棘细尖状，臀鳍基底长约为其 2 倍；胸鳍长，幼鱼时，末端达肛门后缘，随着成长，末端可达臀鳍第一硬棘的上方；尾鳍深叉形，最长鳍条约与胸鳍等长。体呈银白色，体背淡褐色；背鳍具黑缘；各鳍淡色。

【分布范围】分布于印度洋—西太平洋海域，西起红海、非洲东岸，东至所罗门群岛，北达琉球群岛，南迄新喀里多尼亚；在我国主要分布于台湾海域。

【生态习性】栖息在沿岸沙泥地，生殖季时可发现于珊瑚礁区周围之沙地。分布水深为 0 ~ 50 m，最大体长 30 cm。

89. 鞭蝴蝶鱼

Chaetodon ephippium Cuvier, 1831

【英 文 名】Saddle butterflyfish

【别　　名】月光蝶、蝶仔、红司公、米统仔

【形态特征】体高而呈卵圆形；头部上方轮廓平直。吻尖而突出，但不延长为管状。前鼻孔具鼻瓣。前鳃盖缘具细锯齿；鳃盖膜与峡部相连。两颌齿细尖密列，上颌齿 6 ~ 8 列，下颌齿 7 ~ 10 列。体被中大型鳞片；侧线向上陡升至背鳍第九至第十硬棘下方而下降至背鳍基底末缘下方。背鳍单一，硬棘XII ~ XIV（通常为XIII），软条 21 ~ 24（通常为 23 ~ 24）；臀鳍硬棘III，软条 20 ~ 22（通常为 21）。体前部灰褐色，后部黄色；体下半部具 6 ~ 7 列纵向褐纹；体后上方具一大型卵形黑斑，覆盖背鳍的大部分，黑斑下缘另具有宽白缘。幼鱼具黑色眼带，随着成长逐渐消失，仅于眼部仍具有些许痕迹；幼鱼尾柄亦具有伪装的眼点，但随着成长而完全消失。背鳍末缘延长如丝，且与尾柄皆具橙色带缘；臀鳍白色而具橙色带及黄色缘；尾鳍上下及末端皆具黄色至橙色缘。

【分布范围】分布于印度洋—太平洋海域，西自科科斯群岛，东到夏威夷群岛，北到日本南部，南至澳大利亚，包括密克罗尼西亚；在我国主要分布于南海及台湾海域。

【生态习性】栖息于潟湖、清澈浅水域及面海的珊瑚礁区。分布水深为 0 ~ 30 m，最大全长 30 cm。

90. 单斑蝴蝶鱼
Chaetodon unimaculatus Bloch，1787

【英 文 名】Teardrop butterflyfish

【别　　名】一点蝶、一点清、蝶仔、红司公、虱鬃

【形态特征】体高而呈卵圆形；头部上方轮廓平直，鼻区凹陷。吻突出，尖嘴状。前鼻孔具鼻瓣。前鳃盖缘具细锯齿；鳃盖膜与峡部相连。两颌外列齿较粗壮，内列齿较细小。体被中型鳞片；侧线向上陡升至背鳍第九硬棘下方而下降至背鳍基底末缘下方。背鳍单一，硬棘 XIII，软条 23～24；臀鳍硬棘 III，软条 19～20。体上半部黄色，下半部淡色；体侧前部具 10 条黄褐色垂直细纹；体侧中部上方有一约为眼径 2 倍之镶白边之黑色圆斑；头部具约等于眼径之黑眼带，仅向下延伸至颐部。背鳍、腹鳍及臀鳍金黄色；自背鳍后缘经尾柄至臀鳍后缘有一黑色狭带；余鳍淡色或微黄。

【分布范围】分布于印度洋—太平洋海域，西起东非，东至夏威夷群岛、马克萨斯群岛及迪西岛，北至日本南部，南至豪勋爵岛及拉帕岛；在我国主要分布于南海及台湾海域。

【生态习性】栖息于礁盘区、清澈的潟湖及面海的珊瑚礁区。分布水深为 1～60 m，最大全长 20 cm。

91. 叉纹蝴蝶鱼

Chaetodon auripes Jordan & Snyder，1901

【英 文 名】Oriental butterflyfish

【别　　名】黑头蝶、金色蝶、条纹蝶、角蝶仔、虱鬠、黄盘、红司公

【形态特征】体高而呈卵圆形；头部上方轮廓平直或稍突。吻尖，但不延长为管状。前鼻孔具鼻瓣。前鳃盖缘具细锯齿；鳃盖膜与峡部相连。两颌齿细尖密列，上下颌齿各 7 ～ 9 列。体被中型鳞片，在体上半部呈斜上排列，在体下半部呈水平排列；侧线向上陡升至背鳍第九至第十硬棘下方而下降至背鳍基底末缘下方。背鳍单一，硬棘 Ⅻ ～ ⅩⅢ，软条 23 ～ 25；臀鳍硬棘Ⅲ，软条 18 ～ 21。体黄褐色，体侧具水平暗色纵带，在侧线上方前部呈间断的暗色斑点带；眼带窄于眼径，眼带后另有一白色横带；背鳍和臀鳍具黑缘；尾鳍后端具窄于眼径之黑色横带，其后另具白缘；幼鱼背鳍软条部具眼斑。

【分布范围】分布于西太平洋海域，包括日本及中国；在我国主要分布于南海及台湾海域。

【生态习性】栖息于港口防波堤、碎石区、藻丛、岩礁或珊瑚礁区等，生活栖地多样。分布水深为 1 ～ 30 m，最大全长 20 cm。

92. 格纹蝴蝶鱼
Chaetodon rafflesii Anonymous [Bennett]，1830

【英 文 名】Latticed butterflyfish

【别　　名】网蝶、蝶仔

【形态特征】体高而呈卵圆形；头部上方轮廓平直，鼻区凹陷。吻突出而尖，但不延长为管状。前鼻孔具鼻瓣。前鳃盖缘具细锯齿；鳃盖膜与峡部相连。两颌齿细尖密列，上下颌齿各7～8列。体被中型鳞片，角形；侧线向上陡升至背鳍第十至第十一硬棘下方而下降至背鳍基底末缘下方。背鳍单一，硬棘XII～XIII，软条21～23；臀鳍硬棘III，软条19。体及头部柠檬黄色；体侧鳞片具斑点，形成平行交叉之条纹；头部具窄于眼径之黑色眼带，仅向下延伸至鳃盖缘。各鳍皆黄色；背鳍软条后缘黑色；臀鳍缘具一窄黑纹；尾鳍有一黑色带，末梢灰黑色。幼鱼背鳍软条部具眼点，随着成长而渐消失。

【分布范围】分布于印度洋—太平洋海域，西自斯里兰卡，东至土阿莫土群岛，北自日本南部，南至澳大利亚大堡礁；在我国主要分布于南海及台湾海域。

【生态习性】栖息于珊瑚礁丛生的潟湖、礁盘或面海的礁区。分布水深为1～15 m，最大全长18 cm。

93. 黑背蝴蝶鱼
Chaetodon melannotus Bloch & Schneider，1801

【英 文 名】Blackback butterflyfish

【别　　名】太阳蝶、曙色蝶、蝶仔、红司公、米统仔

【形态特征】体高而呈卵圆形；头部上方轮廓平直。吻尖，但不延长为管状。前鼻孔具鼻瓣。前鳃盖缘具细锯齿；鳃盖膜与峡部相连。两颌齿细尖密列，上下颌齿各6～7列。体被中型鳞片，圆形，全为斜上排列；侧线向上陡升至背鳍第九硬棘下方而下降至背鳍基底末缘下方。背鳍单一，硬棘Ⅻ，软条20～21；臀鳍硬棘Ⅲ，软条17～18。体淡黄色，背部黑色；体侧具21～22条斜向后上方之暗色纹；头部镶黄缘的黑色眼带窄于眼径，仅延伸至喉峡部。胸鳍淡色，仅基部黄色；尾鳍前半部黄色，后半部灰白色，中间具黑纹，余鳍金黄色。幼鱼尾柄上具眼点，随着成长而渐散去。

【分布范围】分布于印度洋—太平洋海域，西起红海、东非，东至萨摩亚，北至日本南部，南至豪勋爵岛；在我国主要分布于南海及台湾海域。

【生态习性】栖息于潟湖、礁盘及面海的珊瑚礁区。分布水深为2～20 m，最大全长18 cm。

94. 华丽蝴蝶鱼
Chaetodon ornatissimus Cuvier，1831

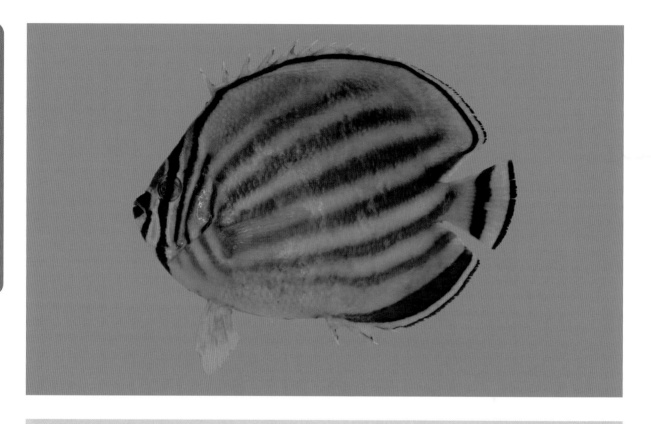

【英 文 名】Ornate butterflyfish

【别　　名】斜纹蝶、角蝶仔、红司公、虱鬖

【形态特征】体高而呈卵圆形；头部上方轮廓平直。吻尖，但不延长为管状。前鼻孔具鼻瓣。前鳃盖缘具细锯齿；鳃盖膜与峡部相连。两颌齿细尖密列，上下颌齿各9～12列。体被小型鳞片，多为圆形；侧线向上陡升至背鳍第九至第十硬棘下方而下降至背鳍基底末缘下方。背鳍单一，硬棘XII，软条26；臀鳍硬棘III，软条20～21。体白色至灰白色，头部、体背部及体腹部黄色；体侧具6条斜向后上方之橙色至黄褐色横带；头部具窄于眼径之眼带；眼间隔黑色；吻部亦有一向下短黑带；下唇亦为黑色。奇鳍具黑色缘；胸鳍、腹鳍黄色；尾鳍中间亦具一黑色带。

【分布范围】分布于印度洋—太平洋海域，西起斯里兰卡，东至夏威夷群岛、马克萨斯群岛及迪西岛，北至日本南部，南至豪勋爵岛及拉帕岛；在我国主要分布于南海及台湾海域。

【生态习性】栖息于清澈的潟湖及面海的珊瑚礁区。分布水深为1～36 m，最大全长20 cm。

95. 黄蝴蝶鱼

Chaetodon xanthurus Bleeker，1857

【英 文 名】Pearlscale butterflyfish

【别　　名】黄网蝶、红司公、虱鬖

【形态特征】体高而呈椭圆形；头部上方轮廓略平直，颈部略突，鼻区凹陷。吻尖，略突出。前鼻孔具鼻瓣。前鳃盖缘具细锯齿；鳃盖膜与峡部相连。上下颌齿各7～8列。体被大型鳞片，菱形；侧线向上陡升至背鳍第九至第十硬棘下方而下降至背鳍基底末缘下方。背鳍单一，硬棘XIII，软条22；臀鳍硬棘III，软条16～17。体灰蓝色，或较淡色，头部上半部色较暗；体侧鳞片之边缘暗色，形成网状之体纹；颈部具一镶白边之马蹄形黑斑；自背鳍第六至第七软条下方向下至臀鳍后角具一橙色新月形横带；头部具远窄于眼径之镶白边黑眼带，向下延伸至鳃盖缘。各鳍灰至白色；尾鳍后部具镶淡色边之橙色带，末缘淡色。

【分布范围】分布于西太平洋海域，自日本至印度尼西亚；在我国主要分布于南海及台湾海域。

【生态习性】主要栖息于鹿角珊瑚周围。分布水深为6～50 m，最大体长14 cm。

96. 镜斑蝴蝶鱼

Chaetodon speculum Cuvier, 1831

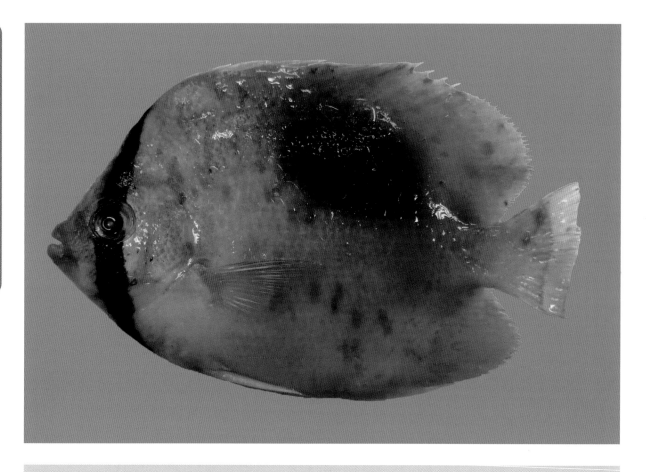

【英　文　名】Mirror butterflyfish

【别　　　名】黄镜斑、黄一点、红司公、黄蟲滨

【形态特征】体高而呈卵圆形；头部上方轮廓微突起，鼻区凹陷。吻微突出。前鼻孔具鼻瓣。前鳃盖缘具细锯齿；鳃盖膜与峡部相连。两颌齿细尖密列，上颌齿 8～12 列，下颌齿 8～11 列。体被中型鳞片；侧线向上陡升至背鳍第十至第十一硬棘下方而下降至背鳍基底末缘下方。背鳍单一，硬棘 XIV，软条 17；臀鳍硬棘 III，软条 16。体与各鳍黄色；尾鳍后部白色；头部具约等于眼径之黑眼带，向下延伸至腹缘；背鳍中央下方之体侧具一与头长相等之黑斑；体侧在每一鳞列上具淡色水平条纹。

【分布范围】分布于印度洋—太平洋海域，西自印度尼西亚，东至马克萨斯群岛，北自日本南部，南至澳大利亚大堡礁，有报告指出亦产于马达加斯加岛；在我国主要分布于南海及台湾海域。

【生态习性】栖息于清澈且珊瑚丛生的海域。分布水深为 3～30 m，最大全长 18 cm。

97. 丽蝴蝶鱼
Chaetodon wiebeli Kaup，1863

【英文名】Hongkong butterflyfish

【别　　名】黑尾蝶、魏氏蝶、蝶仔、黄盘、虱鬓、红司公

【形态特征】体高而呈卵圆形；头部上方轮廓平直，吻上缘凹陷。吻中短而尖。前鼻孔具鼻瓣。前鳃盖缘具细锯齿；鳃盖膜与峡部相连。两颌齿细尖密列，上下颌齿各10～11列。体被大型鳞片；侧线向上陡升至背鳍第八至第九硬棘下方而下降至背鳍基底末缘下方。背鳍单一，硬棘XII，软条24～26；臀鳍硬棘III，软条19～20。体黄色；体侧具16～18条向上斜走之橙褐色纵纹；颈背具一黑色三角形大斑；胸部具4～5个橙色小斑点；头部具远宽于眼径之黑眼带，仅向下延伸至鳃盖缘，眼带后方另具一宽白带；吻及上唇灰黑色，下唇则为白色。各鳍黄色；背鳍后缘灰黑色；臀鳍后缘具1～2条黑色带；尾鳍中部白色，后部具黑色宽带，末缘淡色；余鳍淡色或微黄。

【分布范围】分布于西太平洋海域，自日本至泰国；在我国主要分布于南海及台湾海域。

【生态习性】栖息于岩礁及珊瑚礁区。分布水深为4～25 m，最大全长19 cm。

98. 弓月蝴蝶鱼
Chaetodon lunulatus Quoy & Gaimard，1825

【英 文 名】Oval butterflyfish

【别　　名】冬瓜蝶、蝶仔

【形态特征】体高而呈椭圆形；头部上方轮廓平直。吻短而略尖。前鼻孔具鼻瓣。前鳃盖缘具细锯齿；鳃盖膜与峡部相连。两颌齿细尖密列，上下颌呈齿带。体被中型鳞片；侧线向上陡升至背鳍第十三至第十四硬棘下方而下降至背鳍基底末缘下方。背鳍单一，硬棘XIII～XIV，软条20～22；臀鳍硬棘III，软条18～21。体乳黄色；体侧约具20条与鳞列相当的紫蓝色纵带；头部黄色，另具3条黑色横带，中间横带即为眼带，窄于眼径，止于喉峡部。背鳍及尾鳍灰色；臀鳍橘黄色；背鳍软条部、臀鳍软条部及尾鳍基底均具镶黄边的黑色带；腹鳍黄色；胸鳍淡色。

【分布范围】分布于西中太平洋海域，包括琉球群岛至澳大利亚北部、印度尼西亚西部至夏威夷群岛等水域；在我国主要分布于南海及台湾海域。

【生态习性】栖息于潟湖及面海的珊瑚礁区。分布水深为3～30 m，最大全长14 cm。

99. 三纹蝴蝶鱼

Chaetodon trifascialis Quoy & Gaimard，1825

【英 文 名】Chevron butterflyfish

【别　　名】箭蝶、排骨蝶、红司公、虱鬃

【形态特征】体高而呈椭圆形；头部上方轮廓平直，鼻区凹陷。吻中长，突出。前鼻孔具鼻瓣。前鳃盖缘具细锯齿；鳃盖膜与峡部相连。上下颌前端齿成束。体被大型鳞片，菱形；侧线向上陡升至背鳍第十至第十一硬棘下方而下降至背鳍基底末缘下方。背鳍单一，硬棘XIV，软条15；臀鳍硬棘IV，软条15。体灰蓝色或淡色；体侧具14～20条蓝色 "く" 形纹；头部具与眼径约同宽之黑眼带，向下延伸至腹缘。成鱼背鳍、臀鳍黄色至橙黄色，软条部后缘各具黑线纹；腹鳍黄色或淡色；尾鳍基部黑色，后部黄色，另具黑缘。幼鱼背鳍软条后部至臀鳍后部软条具一黑色宽带；尾鳍基部黄色，后部白色，中央具一窄黑纹；体侧前后另具2个长卵形白色斑点。

【分布范围】分布于印度洋—太平洋海域，西自红海及非洲东部，东至夏威夷群岛及社会群岛；在我国主要分布于南海及台湾海域。

【生态习性】栖息于浅的潟湖及面海的珊瑚礁区。分布水深为2～30 m，最大全长18 cm。

100. 乌利蝴蝶鱼
Chaetodon ulietensis Cuvier，1831

【英 文 名】Pacific double-saddle butterflyfish

【别　　名】鞍斑蝶

【形态特征】体高而呈卵圆形；头部上方轮廓平直，鼻区凹陷。吻突出，尖嘴状。前鼻孔具鼻瓣。前鳃盖缘具细锯齿；鳃盖膜与峡部相连。两颌齿细尖密列，上下颌齿各 7 ~ 9 列。体被大型鳞片，菱形；侧线向上陡升至背鳍第九至第十硬棘下方而下降至背鳍基底末缘下方。背鳍单一，硬棘XII，软条 23 ~ 24；臀鳍硬棘III，软条 19 ~ 21。体黄褐色或淡色；体侧具 17 ~ 18 条垂直细纹；头部具约等于眼径之黑眼带，仅向下延伸至鳃盖缘；体侧在背鳍第四至第七硬棘间及最后硬棘至第一软条间之下方各具一宽黑带；尾柄具一黑眼斑。背鳍、臀鳍金黄色；余鳍淡色或微黄。

【分布范围】分布于印度洋—太平洋海域，西自科科斯群岛，东至土阿莫土群岛，北至日本；在我国主要分布于台湾海域。

【生态习性】主要栖息于珊瑚丛生的潟湖区，偶可出现于面海珊瑚礁区。分布水深为 2 ~ 30 m，最大全长 15 cm。

101. 丝蝴蝶鱼
Chaetodon auriga Forsskål，1775

【英 文 名】Threadfin butterflyfish

【别　　名】人字蝶、白刺蝶、碟仔、白虱鬓、金钟、米统仔

【形态特征】体高而呈椭圆形；头部上方轮廓平直，鼻区稍内凹。吻尖，但不延长为管状。前鼻孔具鼻瓣。前鳃盖缘具细锯齿；鳃盖膜与峡部相连。两颌齿细尖密列，上颌齿7列，下颌齿9～11列。体被大型鳞片，菱形，呈斜上排列；侧线向上陡升至背鳍第九硬棘下方而下降至背鳍基底末缘下方。背鳍单一，硬棘XII～XIII，软条24，成鱼之软条部末端延长如丝状；臀鳍硬棘III，软条19～20。体前部银白至灰黄色，后部黄色；体侧前上方具5长条及3短条之向后斜上暗带，后下方则具8～9条向前方斜上之暗带，二者彼此呈直角交会；眼带于眼上方窄于眼径，于眼下方宽于眼径；背鳍和臀鳍具黑缘；尾鳍后端前有具黑缘之黄色横带；幼鱼及成鱼于背鳍软条部均具眼斑。

【分布范围】分布于印度洋—太平洋海域，西起红海、东非，东至夏威夷群岛、马克萨斯群岛及迪西岛，北至日本南部，南至豪勋爵岛及拉帕岛；在我国主要分布于南海及台湾海域。

【生态习性】栖息于碎石区、藻丛、岩礁或珊瑚礁区，单独、成对或小群游动。分布水深为1～60 m，最大全长23 cm。

102. 细纹蝴蝶鱼

Chaetodon lineolatus Cuvier，1831

【英 文 名】Lined butterflyfish

【别　　名】黑影蝶、新月蝶、黑蝶仔、红司公、米统仔

【形态特征】体高而呈椭圆形；头部上方轮廓略呈弧形，鼻区稍内凹。吻尖而突出，但不延长为管状。前鼻孔具鼻瓣。前鳃盖缘具细锯齿；鳃盖膜与峡部相连。两颌齿细尖密列，上下颌齿各 11 ～ 12 列。体被大型鳞片，角形，在体上半部呈斜上排列，在下半部水平排列；侧线向上陡升至背鳍第十一至第十二硬棘下方而下降至背鳍基底末缘下方。背鳍单一，硬棘XII，软条24 ～ 27，成鱼之软条部末端延长如丝状；臀鳍硬棘III，软条 20 ～ 22。体前部银白至淡色，后部黄色；吻部暗色；体侧具许多窄的暗色横带；眼带宽于眼径；成鱼自背鳍硬棘部后端基部斜下至臀鳍软条部后端基部具新月形黑斑带，幼鱼较短，仅于体上半部具有此斑，但尾柄上具眼点。背鳍及臀鳍软条部黄色；尾鳍黄色，后端具黑缘；腹鳍及胸鳍淡色。

【分布范围】分布于印度洋—太平洋海域，西起红海、东非，东至夏威夷群岛、马克萨斯群岛及迪西岛，北至日本南部，南至豪勋爵岛及澳大利亚大堡礁；在我国主要分布于南海及台湾海域。

【生态习性】栖息于潟湖及面海的珊瑚礁区。分布水深为 2 ～ 171 m，最大全长 30 cm。

103. 新月蝴蝶鱼
Chaetodon lunula (Lacepède，1802)

【英 文 名】Raccoon butterflyfish

【别　　名】月眉蝶、月鲷、蝶仔、红司公、虱鬓

【形态特征】体高而呈卵圆形；头部上方轮廓平直。吻尖，但不延长为管状。前鼻孔具鼻瓣。前鳃盖缘具细锯齿；鳃盖膜与峡部相连。两颌齿细尖密列，上下颌齿各 5 ~ 7 列。体被中大型鳞片；侧线向上陡升至背鳍第九硬棘下方而下降至背鳍基底末缘下方。背鳍单一，硬棘Ⅻ ~ ⅩⅢ，软条 24 ~ 26；臀鳍硬棘Ⅲ，软条 18 ~ 20。体黄色至黄褐色；体侧于胸鳍上方至背鳍第五硬棘基部具有 1 条斜的黑色带，腹鳍前方至背部后方有黑点，形成 6 ~ 10 列斜点带纹；头部黑色眼带略宽于眼径，但仅向下延伸至鳃盖缘，眼带后方另具一宽白带。幼鱼尾柄及背鳍软条部各具一黑点，且尾鳍近基部有黑线纹，随着成长，背鳍软条部的黑点及尾鳍近基部的黑线纹逐渐消失，取而代之的是尾柄的黑点向上扩展，沿背鳍软条部基底而形成一狭带。成鱼背鳍及臀鳍具黑缘；腹鳍黄色；胸鳍淡色；尾鳍黄色，末端具黑纹而有白缘。

【分布范围】分布于印度洋—太平洋海域，西起红海、东非，东至夏威夷群岛、马克萨斯群岛及迪西岛，北至日本南部，南至豪勋爵岛及拉帕岛；在我国主要分布于南海及台湾海域。

【生态习性】栖息环境多样，如潮池、珊瑚礁区、岩石礁区、海藻区或石砾区。分布水深为 0 ~ 170 m，最大全长 20 cm。

104. 珠蝴蝶鱼
Chaetodon kleinii Bloch，1790

【英文名】Sunburst butterflyfish

【别　　名】凤梨蝶、蓝头蝶、角蝶仔、红司公、虱鬖

【形态特征】体高而呈卵圆形；头部上方轮廓平直。吻尖，但不延长为管状。前鼻孔具鼻瓣。前鳃盖缘具细锯齿；鳃盖膜与峡部相连。两颌齿细尖密列，上下颌齿4～6列。体被中型鳞片；侧线向上陡升至背鳍第九至第十硬棘下方而下降至背鳍基底末缘下方。背鳍单一，硬棘Ⅻ～ⅩⅢ（通常为Ⅻ），软条24～27(通常为25～26)；臀鳍硬棘Ⅲ，软条20～21。体淡黄色，吻端暗色；体侧于背鳍硬棘前部及后部的下方各具有1条不明显的暗色带；头部黑色眼带略窄于眼径，在眼上下方约等宽，且向后延伸达腹鳍前缘。背鳍及臀鳍软条部后部具黑纹及白色缘；腹鳍黑色；胸鳍淡色；尾鳍黄色而具黑缘。

【分布范围】分布于印度洋—太平洋海域，西起红海、东非，东至夏威夷群岛及萨摩亚群岛，北至日本南部，南至澳大利亚；在我国主要分布于南海及台湾海域。

【生态习性】栖息于较深的潟湖、海峡及面海的珊瑚礁区。分布水深为4～61 m，最大全长15 cm。

105. 金口马夫鱼
Heniochus chrysostomus Cuvier，1831

【英 文 名】Threeband pennantfish

【别　　名】南洋关刀、关刀

【形态特征】体甚侧扁，背缘高而隆起，略呈三角形。头短小。吻尖突而不呈管状。前鼻孔后缘具鼻瓣。上下颌约等长，两颌齿细尖。体被中大弱栉鳞，头部、胸部与鳍具小鳞，吻端无鳞。背鳍连续，硬棘XI～XII，软条21～22，第四硬棘特别延长；臀鳍硬棘III，软条17～18。体银白色；体侧具3条黑色横带：第一条黑横带自头背部向下覆盖眼、胸鳍基部及腹鳍，第二条黑横带自背鳍第四至第五硬棘向下延伸至臀鳍后部，第三条黑横带则约自背鳍第九至第十二硬棘向下延伸至尾鳍基部；吻部背面灰黑色。背鳍软条部及尾鳍淡黄色；臀鳍软条部具眼点；胸鳍基部及腹鳍黑色。

【分布范围】分布于印度洋—太平洋海域，西起印度西部，东至皮特凯恩群岛，北至日本南部，南至澳大利亚昆士兰州南部及新喀里多尼亚群岛；在我国主要分布于南海及台湾海域。

【生态习性】栖息于珊瑚丛生的礁盘区、潟湖及面海的珊瑚礁区。分布水深为2～40 m，最大全长18 cm。

106. 四带马夫鱼
Heniochus singularius Smith & Radcliffe, 1911

蝴蝶鱼科 Chaetodontidae

【英文名】Singular bannerfish

【别 名】花关刀、关刀、举旗仔

【形态特征】体甚侧扁，背缘高而隆起，略呈三角形。头短小；成鱼眼眶上骨有一短钝棘；颈部具明显之强硬骨质突起。吻尖突而不呈管状。前鼻孔后缘具鼻瓣。上下颌约等长，两颌齿细尖。体被中大弱栉鳞，头部、胸部与鳍具小鳞，吻端无鳞。背鳍连续，硬棘 XI～XII，软条 25～27，第四硬棘特别延长；臀鳍硬棘 III，软条 17～18。体黄白色，随着成长体色渐暗。体侧具 2 条黑色横带：第一条黑横带自背鳍起点前方向下延伸至腹鳍，第二条黑横带则约自背鳍第七至第九硬棘向下延伸至臀鳍后部；眼带明显，由眼上方向下延伸至间鳃盖缘；吻部向下环绕一黑色圈。背鳍软条部及尾鳍淡黄至鲜黄色；胸鳍基部黑色，余鳍淡黄色；臀鳍前缘白色，后部黑色；腹鳍黑色。

【分布范围】分布于西中太平洋海域，西起安达曼群岛，东至萨摩亚，北至日本南部，南至新喀里多尼亚；在我国主要分布于南海及台湾海域。

【生态习性】栖息于较深的潟湖及面海的珊瑚礁区。分布水深为 2～250 m，最大全长 30 cm。

107. 黄镊口鱼

Forcipiger flavissimus Jordan & McGregor, 1898

【英 文 名】Longnose butterfly fish

【别　　名】火箭蝶、黄火箭

【形态特征】体甚侧扁而高，略呈卵圆形或菱形。吻部极为延长而呈管状，体高约为其之 1.6 ～ 2.1 倍。前鳃盖角缘宽圆。体被小鳞片，侧线完全，达尾鳍基部，高弧形。背鳍硬棘Ⅻ，第二硬棘长于第三硬棘的 1/2，软条 22 ～ 24；臀鳍硬棘Ⅲ，软条17 ～ 18。体黄色；眼下缘、背鳍基部、胸鳍基部、头背部黑褐色，吻部上缘亦为黑褐色，其余头部、吻下缘、胸部及腹部银白带蓝色。背鳍、腹鳍及臀鳍黄色；背鳍软条部、臀鳍软条部具淡蓝缘；臀鳍软条部后上缘具眼斑；胸鳍及尾鳍淡色。

【分布范围】分布于印度洋—太平洋海域，西起红海、东非，东至夏威夷群岛及复活节岛，北至日本南部，南至豪勋爵岛；在东太平洋海域由墨西哥至科隆群岛；在我国主要分布于南海及台湾海域。

【生态习性】主要栖息于面海的礁区，偶也可发现于潟湖礁区。分布水深为 2 ～ 145 m，最大全长 22 cm。

108. 多鳞霞蝶鱼
Hemitaurichthys polylepis (Bleeker，1857)

【英　文　名】Hemitaurichthys polylepis

【别　　　名】霞蝶

【形态特征】体高而呈卵圆形；背部轮廓较腹部突出。吻短，口端位而突出。上下颌具小梳状齿。矩形之前鳃盖具弱锯齿。体被小型鳞片；侧线完全，终于尾鳍基部。背鳍单一，硬棘XII，软条 23 ~ 26；臀鳍硬棘III，软条 20 ~ 21。体银白色或淡色，头部色较暗；体侧自背鳍第三至第六硬棘及软条部基部下方具金黄色的三角形斑。背鳍与臀鳍金黄色；胸鳍为淡色；腹鳍、尾鳍银白色。

【分布范围】分布于印度洋—太平洋海域，西起圣诞岛，东至夏威夷群岛、莱恩群岛及皮特凯恩群岛，北至日本南部，南至新喀里多尼亚；在我国主要分布于南海及台湾海域。

【生态习性】通常成群于外围斜坡潮流经过处。分布水深为 3 ~ 60 m，最大全长 18 cm。

109. 三点阿波鱼

Apolemichthys trimaculatus (Cuvier，1831)

【英 文 名】Threespot angelfish

【别　　名】三点神仙、店窗、蓝嘴新娘

【形态特征】体椭圆形；头部背面至吻部轮廓成直线。前眼眶骨之前缘中部无缺刻，无强棘；后缘不游离，亦无锯齿，下缘突，具强锯齿，盖住上颌一部分。间鳃盖骨无强棘；前鳃盖后缘具细锯齿，强棘无深沟。上颌齿强。体被中大型鳞，颊部被不规则小鳞；侧线终止于背鳍软条后下方。背鳍连续，硬棘XIV，软条 16 ～ 18；臀鳍硬棘Ⅲ，软条 17 ～ 19。体一致为黄色，头顶与鳃盖上方各有一瞳孔大小之镶金黄色边的淡青色眼斑。臀鳍具一宽黑带。

【分布范围】分布于印度洋—西太平洋海域，西起东非，东至萨摩亚，北至日本南部，南至澳大利亚；在我国主要分布于南海及台湾海域。

【生态习性】栖息于潟湖及面海的珊瑚礁靠近珊瑚的水域。分布水深为 3 ～ 60 m，最大全长 26 cm。

110. 海氏刺尻鱼
Centropyge heraldi Woods & Schultz，1953

【英 文 名】Yellow angelfish

【别　　名】黄新娘

【形态特征】体椭圆形；背部轮廓略突出，头背于眼上方平直。吻钝而小。眶前骨游离，下缘突出，后方具棘；前鳃盖骨具锯齿，具一长强棘；间鳃盖骨短圆。上下颌等长，齿细长而稍内弯。体被稍大栉鳞，躯干前背部具副鳞。背鳍硬棘 XV，软条 15；臀鳍硬棘 III，软条 17；背鳍软条部后端与臀鳍软条部后端尖形；腹鳍钝尖形；尾鳍圆形。体及各鳍一致为金黄色，眼周围有黑褐色斑块；幼鱼与成鱼体色一致。

【分布范围】分布于太平洋海域，西起中国，东至土阿莫土群岛，北至日本南部，南至澳大利亚大堡礁；在我国主要分布于南海及台湾海域。

【生态习性】栖息于外礁斜坡区域，偶可见于清澈的潟湖区。分布水深为 5 ~ 90 m，最大全长 12 cm。

111. 福氏刺尻鱼
Centropyge vrolikii (Bleeker，1853)

【英 文 名】Pearlscale angelfish

【别　　　名】黑尾新娘、店窗

【形态特征】体椭圆形；背部轮廓略突出，头背于眼上方平直。吻钝而小。眶前骨游离，下缘突出，后方具棘；前鳃盖骨具锯齿，具一长强棘；间鳃盖骨短圆。上下颌等长，齿细长而稍内弯。体被稍大栉鳞，躯干前背部具副鳞。背鳍硬棘 XIV，软条 16；臀鳍硬棘 III，软条 16；背鳍软条部后端与臀鳍软条部后端钝长形；腹鳍钝形；尾鳍圆形。体、背鳍及臀鳍前半部淡黄褐色至乳黄色，后半部暗褐色，体侧无任何横斑。背鳍、臀鳍及尾鳍具蓝边；胸鳍及腹鳍淡黄褐色至乳黄色；尾鳍暗褐色。

【分布范围】分布于印度洋—太平洋海域，西起东非，东至马绍尔群岛，北至日本，南至豪勋爵岛；在我国主要分布于南海及台湾海域。

【生态习性】栖息于潟湖及面海的珊瑚礁靠近珊瑚的水域。分布水深为 1 ～ 25 m，最大全长 12 cm。

112. 半环刺盖鱼
Pomacanthus semicirculatus (Cuvier，1831)

刺盖鱼科 Pomacanthidae

【英 文 名】Semicircle angelfish

【别 名】蓝纹神仙、神仙、店窗、崁鼠、蓝纹、柑仔

【形态特征】体略高而呈卵圆形；背部轮廓略突出，头背于眼上方平直。吻钝而小。眶前骨宽突，不游离；前鳃盖骨后缘及下缘具弱锯齿，具一长棘；鳃盖骨后缘平滑。体被小型圆鳞，腹鳍基底具腋鳞。背鳍硬棘XIII，软条 20 ～ 22；臀鳍硬棘III，软条 20 ～ 21；背鳍软条部后端与臀鳍软条部后端尖形，略呈丝状延长；腹鳍尖，第一软条延长，达臀鳍起点；尾鳍钝圆形。幼鱼体一致为深蓝色，体具若干白弧状纹，随着成长白弧纹愈多；中型鱼体前后部位逐渐偏褐色，中央部位偏淡褐色，弧纹亦逐渐消失；成鱼体呈黄褐色至暗褐色，体侧弧形不显，取而代之的是散布许多暗色小点，前鳃盖骨及鳃盖骨后缘具蓝纹，上下颌黄色，各鳍缘多少具蓝缘，亦具蓝色或白色小点。

【分布范围】分布于印度洋—西太平洋海域，西自红海及东非，东到斐济，北到日本南部，南至澳大利亚及豪勋爵岛；在我国主要分布于南海及台湾海域。

【生态习性】幼鱼生活于较浅水域，成鱼栖息于珊瑚繁生的水域。分布水深为 1 ～ 40 m，最大体长 40 cm。

113. 主刺盖鱼
Pomacanthus imperator (Bloch, 1787)

【英 文 名】Emperor angelfish

【别　　名】皇后神仙、大花脸、皇后、店窗、变身苦、崁鼠

【形态特征】体略高而呈卵圆形；背部轮廓略突出，头背于眼上方平直。吻钝而小。眶前骨宽突，不游离；前鳃盖骨后缘及下缘具弱锯齿，具一长棘；鳃盖骨后缘平滑。体被中型圆鳞，具数个副鳞；头具绒毛状鳞，颊部与奇鳍具小鳞。背鳍硬棘 XIV，软条 20～22；臀鳍硬棘 III，软条 20；背鳍软条部后端与臀鳍软条部后端截平；腹鳍尖，第一软条延长，几达臀鳍；尾鳍钝圆形。幼鱼体一致为深蓝色，体具若干白弧状纹，并与尾柄前之白环形成同心圆，随着成长白弧纹愈多；中型鱼体逐渐偏黄褐色，弧纹亦逐渐成黄纵纹；成鱼体呈黄褐色至暗褐色，体侧具 10～25 条由鳃盖缘微斜上而延伸至背鳍及臀鳍之黄纵纹，眼带起于眶间至前鳃盖下缘，胸鳍基部至腹部另具一长形蓝黑斑块。

【分布范围】分布于印度洋—太平洋海域，西自红海及东非，东到夏威夷群岛、莱恩群岛及士阿莫士群岛，北到日本南部及小笠原诸岛，南至澳大利亚及新喀里多尼亚，包括密克罗尼西亚；在我国主要分布于南海及台湾海域。

【生态习性】栖息于面海的珊瑚礁区或岩礁、水道区或清澈的潟湖等。分布水深为 1～100 m，最大体长 40 cm。

114. 双棘甲尻鱼
Pygoplites diacanthus (Boddaert，1772)

【英 文 名】Regal angelfish

【别　　名】皇帝、帝王神仙鱼、锦纹盖刺鱼、盖刺鱼、店窗、变身苦、崁鼠

【形态特征】体长卵形。头部眼前至颈部突出。吻稍尖。眶前骨下缘突出，无棘。前
鳃盖骨具棘；间鳃盖骨无棘。体被中小型栉鳞，颊部具鳞，头部与奇鳍被较小鳞；侧
线达背鳍末端。背鳍硬棘XIV，软条 18 ～ 19；臀鳍硬棘III，软条 18 ～ 19，末端圆
形或稍钝尖；尾鳍圆形。幼鱼时，体一致为橘黄色，体侧具 4 ～ 6 条带黑边之白色至
淡青色横带，背鳍末端具一黑色假眼。成鱼则体呈黄色，横带增至 8 ～ 10 条且延伸
至背鳍，背鳍软条部暗蓝色，假眼消失；由背鳍前方至眼后亦有具黑边之淡青色带；
臀鳍黄褐色，具数条青色弧形线条；尾鳍黄色。

【分布范围】分布于印度洋—太平洋海域，西起红海及非洲东岸，东至土阿莫土群岛，
北至琉球群岛，南至澳大利亚大堡礁；在我国主要分布于南海及台湾海域。

【生态习性】栖息于浅海岩礁区及沙泥底海域。分布水深为 0 ～ 80 m，最大体长
25 cm。

115. 鯻

***Terapon theraps* Cuvier，1829**

【英 文 名】Largescaled terapon

【别　　名】花身仔、斑吾、鸡仔鱼、三抓仔、兵舅仔、斑午

【形态特征】体高而侧扁，呈长椭圆形；头背平直；体背部轮廓略同于腹部轮廓。口中大，前位，上下颌约等长；吻略钝；唇不具肉质突起。前鳃盖骨后缘具锯齿；鳃盖骨上具两棘，下棘较长，超过鳃盖骨后缘，上棘细弱而不明显。体被细小栉鳞，颊部及鳃盖上亦被鳞；背鳍基部及臀鳍基部具弱鳞鞘。背鳍连续，硬棘部与软条部间具缺刻，硬棘XII，软条 10；臀鳍硬棘III，软条 9～10。体背黑褐色，腹部银白色。体侧有 3～4 条水平的黑色纵走带，第三条由头部起至尾柄上方，第四条常消失不显；背鳍硬棘部第四至第八硬棘间有一大型黑斑，软条部有 2～3 个小黑斑；臀鳍具黑带；尾鳍上下叶共有 5 条黑色条纹。各鳍灰白色至淡黄色。

【分布范围】分布于印度洋—西太平洋海域，西自红海、东非，东至日本南部，南至新几内亚岛阿拉弗拉海及澳大利亚北部；在我国主要分布于东海、南海及台湾海域。

【生态习性】主要栖息于沿海、河川下海及河口区沙泥底质水域。分布水深为 10 m 以浅，最大体长 30 cm。

116. 鲔

Euthynnus affinis (Cantor，1849)

【英 文 名】Kawakawa

【别　　名】三点仔、烟仔、倒串、鲲、花烟、大憨烟、花鲲

【形态特征】体纺锤形，横切面近圆形，背缘和腹缘弧形隆起；尾柄细短，平扁，两侧各具一发达的中央隆起脊，尾鳍基部两侧另具2条小的侧隆起脊。头中大，稍侧扁。吻尖，长于眼径。眼较小，近头背缘。口中大，端位，斜裂；上下颌等长，上下颌齿绒毛状；犁骨和腭骨具细齿1列，舌上无齿。第一鳃弓上之鳃耙数为29～34。体在胸甲部及侧线前部被圆鳞，其余皆裸露无鳞；左右腹鳍间具两大鳞瓣；侧线完全，沿背侧延伸，稍呈波形弯曲，伸达尾鳍基。第一背鳍具硬棘Ⅺ～ⅩⅤ，与第二背鳍起点距离近，其后具8～10个离鳍；臀鳍与第二背鳍同形；尾鳍新月形。体背侧深蓝色，有十余条暗色斜带；胸部无鳞区常具3～4个黑色斑。

【分布范围】分布于印度洋—西太平洋之温暖水域；在我国主要分布于南海及台湾海域。

【生态习性】近海大洋性上层洄游鱼类。分布水深为0～200 m，最大叉长100 cm。

117. 雀斑副鳚

Paracirrhites forsteri (Schneider， 1801)

【英 文 名】Blackside hawkfish

【别 名】海豹格、副鳚、格仔、蝶仔

【形态特征】体延长而呈长椭圆形；头背部近平直；体背略隆起，腹缘弧形。吻钝。眼中大，近头背缘。前鳃盖骨后缘具强锯齿；鳃盖骨后缘具棘。上下颌齿呈带状，外列齿呈犬齿状；犁骨具齿，腭骨齿则无。体被圆鳞；眼间隔具鳞；吻部无鳞；颊部与主鳃盖被鳞；侧线鳞数 45 ~ 49。背鳍单一，硬棘部及软条部间具缺刻，硬棘部之鳍膜末端呈单一须状，硬棘 Ⅹ，软条 11，第一软条延长如丝；臀鳍硬棘Ⅲ，软条 6；胸鳍最长之鳍条末端仅达腹鳍后缘；尾鳍弧形。体一致为淡红褐色至暗褐色，腹部偏淡黄；沿后背侧具一暗色宽纵带，下方另具乳黄色宽纵带；头部及体前部散布许多红褐色小斑点。各鳍淡黄色。

【分布范围】分布于印度洋—太平洋海域，西自红海及东非，东到夏威夷群岛、莱恩群岛及马克萨斯群岛，北到日本南部，南至澳大利亚及新喀里多尼亚，包括密克罗尼西亚；在我国主要分布于南海及台湾海域。

【生态习性】主要栖息于潟湖向海的珊瑚礁区域。分布水深为 1 ~ 35 m，最大全长 22 cm。

118. 翼鳉

Cirrhitus pinnulatus (Forster，1801)

鳉

科

Cirrhitidae

【英 文 名】Stocky hawkfish

【别　　名】短嘴格、格仔、石狗公、花身仔、狮瓮

【形态特征】体延长而呈长椭圆形；头背部微突；体背略隆起，腹缘弧形。吻钝。眼中大，近头背缘。前鳃盖骨后缘具许多小锯齿；鳃盖骨后缘具棘。上颌骨达眼中央下缘；上下颌带状，外列齿为犬齿；犁骨齿及腭骨齿皆存在。体被小圆鳞；眼间隔裸露；侧线鳞数 39～42。背鳍单一，硬棘部及软条部间具缺刻，硬棘部之鳍膜末端呈裂须状，硬棘Ⅹ，软条 11，第一软条不延长；臀鳍硬棘Ⅲ，软条 6；胸鳍最长之鳍条末端仅至肛门前。体灰褐色至褐色，腹部较淡，头部及体侧散布大小不一之白色及红褐色至黑褐色斑点。各鳍淡色至淡黄，背鳍、臀鳍及尾鳍具红褐色斑点。

【分布范围】广泛分布于印度洋—太平洋海域，西自红海、东非，东至马克萨斯群岛、夏威夷群岛，北至日本南部，南至拉帕岛；尚分布于南非之西南部的东南大西洋；在我国主要分布于南海及台湾海域。

【生态习性】主要栖息于沿岸裸露于浪潮冲击的岩礁或向海的礁石上。分布水深为 0～23 m，最大全长 30 cm。

119. 鮣

Echeneis naucrates Linnaeus, 1758

【英 文 名】Live sharksucker

【别　　名】长印仔鱼、印鱼、屎印、牛屎印、狗屎印

【形态特征】体极为延长，头部扁平，向后渐成圆柱状，顶端有由第一背鳍变形而成的吸盘，其鳍条由盘中央向两侧裂生成为鳍瓣 (laminae)，有 21 ～ 28 个；尾柄细，前端圆柱状，后端渐侧扁。吻平扁，前端略尖。口大，口裂宽，不可伸缩，下颌前突；上下颌、犁骨、腭骨及舌上均具齿。体被小圆鳞，除头部及吸盘无鳞外，全身均被鳞。背鳍 2 个，第一背鳍变形而成吸盘，第二背鳍和臀鳍相对；腹鳍胸位，小型；胸鳍尖圆；尾鳍尖长。体棕黄色或黑色，体侧经常有一暗色水平狭带，较眼径宽，由下颌端经眼达尾鳍基底。

【分布范围】分布于全世界各温暖海域；在我国主要分布于黄海、东海、南海及台湾海域。

【生态习性】大洋性鱼种，通常单独活动于近海之浅水处，也会吸附在大鱼或海龟等宿主身上，随着宿主四处游荡。分布水深为 1 ～ 85 m，最大全长 110 cm。

120. 横带唇鱼
Cheilinus fasciatus (Bloch，1791)

隆头鱼科 Labridae

【英 文 名】Redbreasted wrasse

【别　　名】横带龙、三齿仔、汕散仔、横带鹦鲷

【形态特征】体延长而呈长卵圆形；体高约等于或稍长于头长；头部背面轮廓圆突。口中大，前位，略可向前伸出。鼻孔每侧 2 个。吻长，突出；下颌较上颌突出，成鱼下颌突出尤其明显；上下颌各具锥形齿 1 列，前端各有 1 对大犬齿。前鳃盖骨边缘具锯齿；左右鳃膜愈合，不与峡部相连。体被大型圆鳞；背侧部侧线与体背缘平行而略弯，后段在背鳍鳍条基部后下方中断。背鳍Ⅸ - 10；臀鳍Ⅲ - 8；胸鳍 12；侧线鳞 14 ~ 15；背鳍连续；幼鱼尾鳍圆形，成鱼尾鳍之上下缘呈丝状；成鱼腹鳍第一软条不延长而向后达肛门。体白色或粉红色，头部红橙色，吻及头背黑褐色；体侧具 7 条宽的黑色横带，各鳞片具黑横纹；各鳍白色或粉红色，体侧横带延伸至背鳍、臀鳍中央，尾鳍中央具一黑横带，鳍缘黑色。

【分布范围】分布于印度洋—太平洋海域，西起红海及东非，东到密克罗尼西亚及萨摩亚，北至中国；在我国主要分布于南海及台湾海域。

【生态习性】主要栖息于沿岸珊瑚礁海域或礁石旁的沙地上。分布水深为 4 ~ 60 m，最大体长 40 cm。

121. 三叶唇鱼
Cheilinus trilobatus Lacepède，1801

【英 文 名】Tripletail wrasse

【别　　名】三叶龙、石蚱仔、汕散仔、三叶鹦鲷、搭秉

【形态特征】体延长而呈长卵圆形；体长为体高的 2.3 ～ 2.6 倍；头部自背部至眼上方平直，然后稍突。口端位或下颌稍突出；上下颌各具锥形齿 1 列，前端各有 1 对大犬齿。前鳃盖骨边缘具锯齿，左右鳃膜愈合，不与峡部相连。体被大型圆鳞，头部眼上方被鳞。背鳍Ⅸ - 10；臀鳍Ⅲ - 8；胸鳍 12；侧线鳞 15 ～ 17+7 ～ 9；成鱼背鳍与臀鳍延长，达尾鳍基部；腹鳍亦长达肛门之后；尾鳍圆形，成熟雄鱼上叶、下叶及中叶软条延长，呈三叶状。幼鱼体白色或淡绿色，吻部淡绿色；体各鳞片具一红色细横线，头部具许多红色短线及点；体具 4 条黑色宽横带，1 条在尾柄上；各鳍颜色与体色相同，体侧横带延伸至背鳍及臀鳍，尾鳍黑色，基部白色，鳍缘淡红色。成鱼体红褐色，头部绿色，体侧横带较不明显，各鳞具红色细横线，头部具橙色点及短线；背鳍、臀鳍颜色与体色同，鳍缘红色，后方延长鳍条红色，尾鳍黑色，鳍缘红色，胸鳍黄色。

【分布范围】分布于印度洋—太平洋海域，西起东非，东到土阿莫土群岛，北至中国，南至新喀里多尼亚；在我国主要分布于南海及台湾海域。

【生态习性】主要栖息于沿岸珊瑚礁和岩礁区，珊瑚礁海域较多，偶尔可以在海藻堆发现其踪迹。分布水深为 1 ～ 30 m，最大全长 45 cm。

122. 三斑海猪鱼
Halichoeres trimaculatus (Quoy & Gaimard，1834)

【英 文 名】Threespot wrasse

【别　　名】蚝鱼、三重斑点濑鱼、青汕冷、三斑儒艮鲷、三点儒艮鲷、四齿

【形态特征】体延长，侧扁。吻较长，尖突。前鼻孔具短管。口小；上颌有犬齿 4 枚，外侧 2 枚向后方弯曲。前鳃盖后缘具锯齿；鳃盖膜常与峡部相连。体被中大圆鳞，胸部鳞片小于体侧鳞片，鳃盖上方有一小簇鳞片；眼下方或后方无鳞。背鳍Ⅸ - 11；臀鳍Ⅲ - 11；胸鳍 14 ~ 15(常 14)；侧线鳞 27。体色随性别与个体而异，雌鱼体淡黄色，腹面白色，头上半部淡绿色，眼前具 2 条红色的纵纹，眼下具 1 条红纵纹，眼后具数条红斑列，尾柄上侧有一不显之大眼斑；雄鱼头及体上半部淡绿色，头部具如雌鱼般的红纹，眼后红斑列较多，且沿鳃盖骨缘往下延伸至喉峡部，体侧各鳞具稍深色的横纹，从胸鳍至腹部具一斜红纹，尾柄上侧有一明显的大眼斑，胸鳍上方有另一小眼斑。

【分布范围】分布于印度洋—太平洋海域，西起圣诞岛，东到莱恩群岛、迪西岛，北至中国，南至豪勋爵岛等；在我国主要分布于南海及台湾海域。

【生态习性】主要栖息于珊瑚礁平台的外缘沙地上，潟湖区风平浪静的向海礁坡，以及食物丰盛的海藻床区。分布水深为 2 ~ 30 m，最大全长 27 cm。

123. 黑鳍厚唇鱼
Hemigymnus melapterus (Bloch, 1791)

【英 文 名】Blackeye thicklip

【别　　名】黑白龙、垂口倍良、阔嘴郎、黑鳍鹦鲷、垂口鹦鲷

【形态特征】体长椭圆形，侧扁；头中大；眼中大。吻长，突出；唇厚，上唇内侧具皱褶，下唇中央具沟，分成两叶；上下颌各具1列锥状齿，前端具1对犬齿。前鳃盖骨缘平滑；左右鳃膜愈合，与峡部相连。体被大圆鳞，颈部与胸部被较小鳞；侧线完全。背鳍IX-10～11；臀鳍III-11；胸鳍14；侧线鳞27～28；背鳍连续；腹鳍第一硬棘延长；尾鳍稍圆形或截形。体前部为淡色，背鳍起点与臀鳍起点连线之后部为黑色，且每一鳞片具一蓝色或蓝绿色纹；头浅灰黄色，眼周围具辐射状黑红带，眼后具一黑斑。幼鱼自背鳍前方至腹部前方有一白色带；头与体前部浅灰色；尾鳍与尾柄浅黄色。

【分布范围】分布于印度洋—太平洋海域，西起红海及东非，东到法属波利尼西亚，北至中国，南至大堡礁等；在我国主要分布于黄海、东海、南海及台湾海域。

【生态习性】主要栖息于亚潮带的珊瑚平台、被珊瑚礁包围的礁湖及向海礁坡上的珊瑚或岩石块与沙地的混合区。分布水深为1～30 m，最大体长37 cm。

124. 横带厚唇鱼
Hemigymnus fasciatus (Bloch，1792)

【英 文 名】Barred thicklip

【别　　名】斑节龙、大口倍良、阔嘴郎、黑带鹦鲷、大口鹦鲷、条纹半裸鱼、厚嘴丁斑

【形态特征】体长椭圆形，侧扁；头中大；眼中大。吻长，突出；唇厚，上唇内侧具皱褶，下唇中央具沟，分成两叶；上下颌各具 1 列锥状齿，前端具 1 对犬齿。前鳃盖骨缘平滑；左右鳃膜愈合，与峡部相连。体被大圆鳞，颈部与胸部被较小鳞；侧线完全。背鳍Ⅸ - 11；臀鳍 Ⅲ - 11；胸鳍 14；侧线鳞 26 ～ 30；背鳍连续；腹鳍第一硬棘延长；尾鳍稍圆形。体黑色，具 5 条白色横带；胸部白色；头浅黄色或浅绿色，有具蓝边的粉红色带；尾鳍黑色或黑黄色。幼鱼眼周围具辐射状白色带。

【分布范围】分布于印度洋—太平洋海域，西起红海及南非，东到塔希提岛，北至中国，南至大堡礁等；在我国主要分布于南海及台湾海域。

【生态习性】栖息于礁区和近海沿岸。分布水深为 1 ～ 25 m，最大全长 30 cm。

125. 单带尖唇鱼

Oxycheilinus unifasciatus (Streets，1877)

【英 文 名】Ringtail maori wrasse

【别　　名】单带龙、汕散仔、阔嘴郎、单带鹦鲷、玫瑰鹦鲷、厚嘴丁斑

【形态特征】体长卵圆形；头尖。吻中长，突出；口端位，下颌稍突出；上下颌每侧前方具一犬齿，每侧具 1 列圆锥齿，无后犬齿。前鳃盖骨边缘具锯齿，左右鳃膜愈合，不与峡部相连。体被大型圆鳞，鳃盖具 3 列鳞；背鳍与臀鳍基部具鳞鞘；侧线在背鳍鳍条基部后下方中断。背鳍IX - 10；臀鳍III - 8；胸鳍12；侧线鳞15 ~ 16+8 ~ 9；背鳍棘膜无缺刻；腹鳍尖形，尾鳍圆形。雌鱼体黄褐色至红褐色，体背部色深，各鳞片具一横纹；头部偏绿色，具不规则橙红色斑点及短纹，眼周围则呈辐射状，眼后具两平行纵线至胸鳍基上方；尾柄前具白色横带；各鳍红褐色，腹鳍末端白色。雄鱼腹部色淡，眼后纵线之间具白色带，其余与雌鱼同。

【分布范围】分布于印度洋—太平洋海域，西起圣诞岛，东到夏威夷群岛、马克萨斯群岛及土阿莫土群岛，北至中国及日本，南至罗莱浅滩、新喀里多尼亚及拉帕岛等；在我国主要分布于南海及台湾海域。

【生态习性】主要栖息于温暖珊瑚礁区，喜爱独游在干净、清澈且珊瑚生长旺盛的礁湖区，以及向海礁区。分布水深为 1 ~ 160 m，最大全长 46 cm。

隆头鱼科 Labridae

八、鲈形目 ■ 137

126. 双线尖唇鱼
Oxycheilinus digramma (Lacepède, 1801)

隆头鱼科 Labridae

【英 文 名】Cheeklined wrasse

【别　　名】双线龙、汕散仔、阔嘴郎、双线鹦鲷、龙王

【形态特征】体延长而呈长卵圆形；头部眼上方轮廓稍凹，然后稍突。口中大，前位，略可向前伸出；吻长，突出；鼻孔每侧 2 个；上下颌各具锥形齿 1 列，前端各有 1 对大犬齿；前鳃盖骨边缘具锯齿，左右鳃膜愈合，不与峡部相连；体被大型圆鳞。背鳍IX - 10；臀鳍III - 8；胸鳍12；侧线鳞14 ～ 16+7 ～ 9；腹鳍短；尾鳍稍圆至截形或稍双凹形。幼鱼体色淡茶色，体侧有 2 条白色纵带，两纵带之间区域或呈褐色。成鱼体色多变，由橙红色至橄榄绿色；头部具许多红色的点及平行线，平行线方向在眼上下缘与头背缘方向相同，眼下方平行线则斜下至鳃盖后下缘，眼后 2 条明显的平行纵线仅至鳃盖前端；腹部色稍淡，体鳞具短横线，尾柄无白横带；各鳍颜色与体色相同，但尾鳍鳍条绿色，鳍膜黄绿色。

【分布范围】分布于印度洋—太平洋海域，西起红海，东到马绍尔群岛及萨摩亚，北至日本、中国等；在我国主要分布于南海及台湾海域。

【生态习性】主要栖息于温暖的珊瑚礁海域。分布水深为 3 ～ 60 m，最大体长 40 cm。

127. 杂色尖嘴鱼
Gomphosus varius Lacepède，1801

隆头鱼科 Labridae

【英 文 名】Bird wrasse

【别　　名】染色尖嘴鱼、突吻鹦鲷、鸟鹦鲷、鸟仔鱼、出角鸟、尖嘴龙、青鸭、鸭嘴龙

【形态特征】体长形；头尖；吻突出成管状且随鱼体增大而渐延长。鳃膜与峡部相连。上颌长于下颌；上下颌具 1 列齿，上颌前方具 2 枚犬齿。体被大鳞，腹鳍具鳞鞘；侧线连续。背鳍VIII - 13 ～ 14；臀鳍II ～ III - 10 ～ 13；胸鳍15；侧线鳞26 ～ 30；背鳍鳍棘明显较软条短；腹鳍尖形；幼鱼尾鳍圆形，成鱼尾鳍截形，上下缘或延长。幼鱼体蓝绿色，体侧有 2 条黑纵带，吻较不突出。雄鱼体深蓝色，各鳍淡绿色，尾鳍具新月形纹；雌鱼体前部淡褐色，后部深褐色。上颌较下颌色深，眼前后有成列黑斑；奇鳍色深；胸鳍有横斑；尾鳍后缘白色；每一鳞片具一暗斑纹。

【分布范围】分布于印度洋—太平洋海域，西起科科斯群岛，东到夏威夷群岛、马克萨斯群岛及土阿莫土群岛，北至中国，南至豪勋爵岛及拉帕岛等；在我国主要分布于南海及台湾海域。

【生态习性】主要栖息于被珊瑚礁围绕起来的环礁、向海的礁坡区以及潟湖礁区。分布水深为 1 ～ 35 m，最大全长 30 cm。

八、鲈形目 ■ 139

128. 紫锦鱼
Thalassoma purpureum (Forsskål，1775)

隆头鱼科 Labridae

【英 文 名】Surge wrasse

【别　　名】四齿、砾仔、紫衣、猫仔鱼、汕冷仔、紫叶鲷、丁斑

【形态特征】体稍长且侧扁。吻部短；上下颌具1列尖齿，前方各具2枚犬齿，无后犬齿。体被大型圆鳞，除鳃盖上部稍具小鳞片外，头部无鳞，背鳍前之胸部被较小鳞，颈部裸出；腹鳍具鳞鞘。背鳍Ⅷ-13；臀鳍Ⅱ～Ⅲ-11；胸鳍15～17；侧线鳞25～28；腹鳍尖形不成丝状；幼鱼尾鳍稍圆，成鱼凹形或双凹形。雄鱼体全为蓝绿色，体侧具2条粉红色纵带；头部蓝绿色，眼后下缘具一粉红色带，延伸至鳃盖缘，此带接近鳃盖缘时分叉，上唇具一粉红色细线，吻背及眼间隔后各具一粉红色斑；胸鳍基下方具一粉红色的Y字形斑；背鳍及臀鳍均为蓝绿色，鳍中央均具一粉红纵带；尾鳍深褐色，鳍末缘蓝色。雌鱼头深褐色，体为褐色，亦具与雄鱼相同的色带。

【分布范围】分布于印度洋—太平洋海域，西起东非，东到夏威夷群岛、马克萨斯群岛及复活节岛，北至日本、中国，南至澳大利亚、豪勋爵岛及拉帕岛等；在我国主要分布于南海及台湾海域。

【生态习性】主要栖息于潮间带的岩礁海域，尤其是在浪潮汹涌的珊瑚礁平台外缘、岩岸多见，甚至可见于岩礁暴露的极浅岸边。分布水深为0～10 m，最大全长46 cm。

129. 纵纹锦鱼

***Thalassoma quinquevittatum* (Lay & Bennett，1839)**

【英 文 名】Fivestripe wrasse

【别　　名】四齿、砾仔、红线龙、猫仔鱼、青贡冷、青猫公、青打结、五带叶鲷、丁斑

【形态特征】体稍长且侧扁。吻部短；上下颌具1列尖齿，前方各具2枚犬齿，无后犬齿。头部无鳞，仅鳃盖上部有少许鳞片；颈部裸出。背鳍Ⅷ - 12～14；臀鳍Ⅲ - 10～13；胸鳍15～17；侧线鳞25～28；尾鳍截形或尾叶稍延长，成熟雄鱼深凹形。体上半2/3具蓝绿与粉红交互的纵纹；背鳍基部蓝绿色；胸与胸鳍基部前的腹部具2条蓝绿色带；头部具4条辐射状蓝绿色带，颊部具一半圆形蓝绿色环；背鳍第一、第二硬棘膜具一黑斑；尾鳍无鳞，为橙黄色；尾叶具蓝绿色带。

【分布范围】分布于印度洋—太平洋海域，西起红海、东非，东到夏威夷群岛、马克萨斯群岛及土阿莫土群岛，北至日本、中国，南至澳大利亚等；在我国主要分布于南海及台湾海域。

【生态习性】主要栖息于潮间带的珊瑚礁海域。分布水深为0～40 m，最大全长17 cm。

130. 露珠盔鱼
Coris gaimard (Quoy & Gaimard，1824)

【英文名】African coris

【别　　名】盖马氏鹦鲷、柳冷仔、红龙、丁斑、蟋蟀仔

【形态特征】体延长而侧扁；鳃盖骨无鳞；口中型，唇厚；上颌前方具 2 对犬齿；下颌 1 对，往后侧而渐小。背鳍Ⅸ - 12 ～ 13；臀鳍Ⅲ - 12 ～ 13；胸鳍 13；侧线鳞 70 ～ 80；成鱼背鳍第一与第二硬棘延长；腹鳍延长。体色随成长而异。雄鱼体橄榄褐色，后部较暗且有蓝色小点；头部具数条辐射纹；背鳍第六至第九硬棘下方有一淡绿色横带；尾鳍淡黄色，外侧红色。雌鱼体黄褐色，后部较暗且散有蓝色小点；头部具数条辐射纹；背鳍、臀鳍与体同色且亦有蓝色小点。幼鱼体橙红色，背部有 3 个镶黑边之不规则白斑；头顶与枕部各有一黑边白斑；尾鳍淡黄色，基部有白色半环，环前缘黑色；背鳍与臀鳍有黑带。

【分布范围】分布于印度洋—太平洋海域，西起圣诞岛及科科斯群岛，东到社会群岛及土阿莫土群岛，北至琉球群岛与夏威夷群岛，南至澳大利亚等；在我国主要分布于南海及台湾海域。

【生态习性】主要栖息于温暖的珊瑚礁区。分布水深为 1 ～ 50 m，最大全长 40 cm。

131. 带尾美鳍鱼

Novaculichthys taeniourus (Lacepède, 1801)

【英 文 名】Rockmover wrasse

【别　　名】角龙、娘仔鱼、带尾鹦鲷

【形态特征】体长形，侧扁；头部背面轮廓约成 45°；上下颌前侧具 2 对钝犬齿；头部无鳞，但眼后具一短列近垂直的中型鳞片。背鳍Ⅸ - 12 ~ 13；臀鳍Ⅲ - 12 ~ 13；胸鳍 13；侧线鳞 19 ~ 20+5 ~ 6；背鳍起点在前鳃盖后缘上方；幼鱼背鳍第一与第二硬棘延长；尾鳍圆形至稍截形。成鱼体灰色；胸鳍基下方具一圆形黑色带；基部具一橙色斑；前腹部具一大红色区域；背鳍第一与第二硬棘膜皆具一黑点；尾鳍基具一白色短带。幼鱼体红色、绿色或褐色；体中央有 4 列具不规则黑边之白点；眼周围有具黑边之白色辐射纹。

【分布范围】分布于印度洋—太平洋海域，西起红海、南非，东到土阿莫土群岛，北至中国，南至豪勋爵岛等；在我国主要分布于南海及台湾海域。

【生态习性】主要栖息于半开放且潮流温和的珊瑚礁平台，或潮池混有碎石和沙砾的水域。分布水深为 3 ~ 25 m，最大全长 30 cm。

132. 双带普提鱼

Bodianus bilunulatus (Lacepède，1801)

【英 文 名】Tarry hogfish

【别　　　名】三齿仔、红娘仔、黄莺鱼、日本婆仔、双带寒鲷、四齿

【形态特征】体长形，侧扁。上下颌突出，前侧具4枚强犬齿，上颌每侧具一大圆犬齿。颊部与鳃盖被鳞；下颌无鳞。背鳍Ⅻ - 9～10；臀鳍Ⅲ - 12；胸鳍16；侧线鳞28～32；尾鳍截形，上下缘鳍条稍延长。体色会随成长而改变。幼鱼头背至背鳍中部鲜黄色，前2/3体侧为白色，且具一二十条深色纵条纹，后1/3体侧为黑色且延伸至背鳍软条部及臀鳍，尾柄白色，尾鳍透明。成鱼体上半部粉红色至红色，腹面颜色较淡；体侧具纵条纹；背鳍后部下方具一大黑斑，且达尾柄上半部；头部眼前具红纹，下颌白色且延伸至鳃盖缘；背鳍透明至粉红色，第一至第三或第四硬棘间具黑点；尾鳍粉红色。

【分布范围】广泛分布于印度洋—太平洋海域；在我国主要分布于南海及台湾海域。

【生态习性】主要栖息于珊瑚礁或岩礁。分布水深为3～160 m，最大全长55 cm。

133. 伸口鱼
Epibulus insidiator (Pallas, 1770)

【英 文 名】Sling-jaw wrasse

【别　　名】阔嘴郎

【形态特征】体延长；头尖；体中高；背鳍前方之头部背面圆突，眼前与眼上方稍凹。口特别突出；上下颌可大幅伸缩；下颌骨向后超越鳃膜；上下颌齿各1列，前方各有1对犬齿；鳞片大型，颊鳞2列，下颌无鳞；侧线间断。背鳍IX - 10；臀鳍III - 8 ~ 9；胸鳍12；侧线鳞14 ~ 15+8 ~ 9；成鱼尾鳍上下缘延长为丝状。体色多变，且易随栖息地而改变体色深浅，一般头体一致为黄色、暗黄褐色、黑褐色或橄榄绿色等；鳞片具深色斑而形成点状列；背鳍第一与第二硬棘间有一暗色斑，向后形成暗色纵带；各鳍与体同色。幼鱼体褐色，体侧具3条白色细横带，眼具放射状细白纹。

【分布范围】分布于印度洋—太平洋海域，西起红海及南非，东到夏威夷群岛、土阿莫土群岛，北至中国，南至新喀里多尼亚等；在我国主要分布于南海及台湾海域。

【生态习性】主要栖息于珊瑚礁处或礁湖区。分布水深为1 ~ 42 m，最大体长54 cm。

134. 裂唇鱼
Labroides dimidiatus (Valenciennes，1839)

隆头鱼科
Labridae

【英 文 名】Bluestreak cleaner wrasse

【别　　名】鱼医生、蓝倍良、漂漂、柳冷仔、半带拟隆鲷、蓝带裂唇鲷、鱼仔医生

【形态特征】体长形，侧扁；头圆锥状，口小，下唇分成两片；齿小且尖；前鳃盖缘平滑；鳞片小，颊与鳃盖被鳞；侧线完全。背鳍Ⅸ - 11 ～ 12；臀鳍Ⅲ - 10；胸鳍13；侧线鳞 52 ～ 53；尾鳍截形或稍圆形。体白色，体背较暗色，自口经眼至尾鳍具一渐宽的黑色带；背鳍第一与第三硬棘间具一黑斑；臀鳍白色，基部具黑纵带；尾鳍上下叶白色；偶鳍无色。

【分布范围】分布于印度洋—太平洋海域，西起红海、东非，东到莱恩群岛、马克萨斯群岛及迪西岛，北至中国，南至豪勋爵岛及拉帕岛等；在我国主要分布于南海及台湾海域。

【生态习性】主要栖息于珊瑚礁区。分布水深为 1 ～ 40 m，最大全长 14 cm。

135. 驼峰大鹦嘴鱼

Bolbometopon muricatum (Valenciennes，1840)

【英 文 名】Green humphead parrotfish

【别　　名】青衣、鹦哥

【形态特征】体延长而略侧扁。体长约 25 cm 时，头部前额即向前突出，头部轮廓可近于垂直。后鼻孔明显大于前鼻孔。齿板之外表面有颗粒状突起；每一上咽骨具 3 列白齿状之咽头齿，其后列者并不发达。背鳍前中线鳞约 2 ~ 5(通常为 4)；颊鳞 3 列，鳞片大型，最下方列具鳞 1 ~ 2 个；间鳃盖具 1 列鳞。鳃耙数 16 ~ 18。胸鳍具软条 15 ~ 16；尾鳍于幼鱼时圆形，成体时则略呈双凹形。初期阶段体呈暗灰色，体侧散在白色斑点，至终期阶段逐渐变成全深绿色至绿褐色，沿体侧之鳞列分布浅紫色之条纹；头部的前缘时常是淡绿色到粉红色；各鳍之颜色同于体色。

【分布范围】分布于印度洋—太平洋海域，西起红海及东非，东至美属萨摩亚及莱恩群岛，北至八重山群岛与威克岛，南至澳大利亚大堡礁与新喀里多尼亚；在我国主要分布于南海及台湾海域。

【生态习性】稚鱼发现于潟湖；成鱼则群游于礁湾或珊瑚礁外围的海域。分布水深为 1 ~ 40 m，最大全长 130 cm。

136. 双色鲸鹦嘴鱼
Cetoscarus bicolor (Rüppell，1829)

【英 文 名】Bicolour parrotfish

【别　　名】青衣、青鹦哥鱼、鹦哥鱼、蚝鱼、菜仔鱼

【形态特征】体延长而略侧扁。吻圆钝；前额不突出。后鼻孔明显大于前鼻孔。齿板之外表面有颗粒状突起；每一上咽骨具 3 列臼齿状之咽头齿，其后列者并不发达。背鳍前中线鳞约 5 ～ 7；颊鳞 3 列，鳞片小型，最下方列具鳞 3 ～ 7 个；间鳃盖具 2 列鳞。鳃耙数 20 ～ 24。胸鳍具软条 14 ～ 15；尾鳍于幼鱼时圆形，成体时为内凹形。幼鱼期之身体为白色，头部除吻部外为橙红色，边缘带黑线，吻部则为粉红色；背鳍具一外缘镶有橙色边之黑色斑点。初期阶段的体色为浅红褐色，背部黄色，体侧鳞片具黑色斑点及边缘，其颜色由上而下渐深。终期阶段的体色为深蓝绿色，体侧鳞片具粉红色缘；自下颌有一粉红色斑纹向后延伸至臀鳍基部；由上唇有一条粉红色线向后延伸经胸鳍基底而至臀鳍前缘，在此线上方有粉红色斑点分布于身体前部及头部，而此线下方区域则呈一致蓝绿色。背鳍及臀鳍为蓝绿色，于基部均有平行的粉红色斑纹；胸鳍为紫黑色；腹鳍为黄色，外缘为绿色；尾鳍为蓝绿色，外缘及基部为粉红色。有些粉红色纹在鱼死后会变成橘黄色。

【分布范围】广泛分布于印度洋—太平洋海域，西起红海，东至土阿莫土群岛，北至日本伊豆诸岛，南至澳大利亚大堡礁的南方；在我国主要分布于南海及台湾海域。

【生态习性】主要栖息于清澈的潟湖与临海礁石区。分布水深为 1 ～ 30 m，最大体长50 cm。

137. 灰鹦嘴鱼
Chlorurus sordidus (Forsskål，1775)

【英 文 名】Daisy parrotfish

【别　　名】青尾鹦哥、蓝鹦哥、青衫（雄鱼）、蚝鱼（雌鱼）、红鲀（雌鱼）

【形态特征】体延长而略侧扁。头部轮廓呈平滑的弧形。后鼻孔并不明显大于前鼻孔。齿板之外表面平滑，上齿板不完全被上唇所覆盖；每一上咽骨具 1 列臼齿状之咽头齿。背鳍前中线鳞约 3 ~ 4；颊鳞 2 列，上列为 4 鳞；下列为 4 ~ 5 鳞。胸鳍具软条 14 ~ 16；尾鳍于幼鱼时圆形，成体时稍圆形到截形。稚鱼（8 cm 以内）体呈黑褐色，体侧有数条白色纵纹。初期阶段的雌鱼体色多变异，体色一致为暗棕色到淡棕色（有些个体之背侧、腹侧为红色）；体侧鳞片具暗色缘，体前半部之鳞片更显著；尾柄部有或没有淡色区域；尾鳍基部具一大暗斑（有些个体没有）；胸鳍暗色，但后半部透明。终期阶段的雄鱼体色亦多变异，体蓝绿色，腹面具 1 ~ 3 条蓝色或绿色纵纹；各鳞片具橘黄色缘；有时颊部及体后部具黄色大斑；背鳍及臀鳍蓝绿色，具一条宽的橘黄色纵带；尾鳍蓝绿色，具较淡色之辐射状斑纹。

【分布范围】广泛分布于印度洋—太平洋海域，西起红海至南非，东至夏威夷群岛、莱恩群岛、迪西岛，北至琉球群岛，南至珀斯、新南威尔士、豪勋爵岛与拉帕岛；在我国主要分布于南海及台湾海域。

【生态习性】栖息地广泛。幼鱼主要活动于珊瑚茂盛区或浅的珊瑚礁平台水域；成鱼则生活在水浅的珊瑚繁盛礁石平台及底部为开阔区域的潟湖与临海礁石区，也会沿着海洋峭壁活动。分布水深为 0 ~ 50 m，最大全长 40 cm。

138. 日本绿鹦嘴鱼

Chlorurus japanensis (Bloch，1789)

鹦嘴鱼科 Scaridae

【英文名】Palecheek parrotfish

【别　　名】鹦哥、青衫（雄鱼）、菜仔鱼（雌鱼）、海带鹦哥、豪鱼（雌鱼）

【形态特征】体延长而略侧扁。头部轮廓呈平滑的弧形。后鼻孔并不明显大于前鼻孔。齿板之外表面平滑，上齿板不完全被上唇所覆盖；每一上咽骨具1列臼齿状之咽头齿。背鳍前中线鳞约4；颊鳞2列，上列为4鳞，下列为4～5鳞。胸鳍具软条15；尾鳍于幼鱼时圆形，成体时稍圆形到截形。初期阶段的雌鱼头部、体侧、背鳍、臀鳍及胸鳍一致为褐色，无任何显著斑纹；尾鳍则为一致之橘红至深红色。终期阶段的雄鱼，颊部及体侧后大半部为黄色，除颊部外之头部、尾柄部、背鳍、臀鳍及尾鳍为蓝绿色，后颈部向下延伸至臀鳍基底前方之腹面为暗色；眼部具蓝色辐射纹，前向之辐射纹延伸至嘴角；鳞片具橘黄色短横纹或斑点；背鳍及臀鳍另具一宽的橘黄色纵带；胸鳍暗色而具蓝缘。

【分布范围】分布于太平洋海域，由琉球群岛至澳大利亚，以及汤加；在我国主要分布于台湾海域。

【生态习性】主要栖息于临海的珊瑚礁与岩礁区，通常活动于珊瑚丰富的岩礁内侧。分布水深为1～20 m，最大全长31 cm。

139. 小鼻绿鹦嘴鱼
Chlorurus microrhinos (Bleeker，1854)

【英 文 名】Steephead parrots

【别　　名】鹦哥

【形态特征】体延长而略侧扁。雄鱼额部突出，使吻部呈陡直状；雌鱼则略隆起而使头背部几成直线。后鼻孔并不明显大于前鼻孔。齿板之外表面平滑，上齿板不完全被上唇所覆盖；每一上咽骨具 1 列臼齿状之咽头齿。背鳍前中线鳞约 3～4；颊鳞 3 列，上列为 5～6 鳞，中列为 5～6 鳞，下列为 1～2 鳞。胸鳍具软条 15～17；尾鳍于幼鱼时圆形，雌性成鱼为深凹形，雄性成鱼为新月状。稚鱼（8 cm 以内）体呈黑褐色，体侧有数条白色纵纹，随着成长，体色转为一致之暗色、绿褐色以及终期的蓝色，或为稀有的黄褐色。鳞片具橘黄色短横纹或斑点。终期的大雄鱼头部时常具蓝色条纹与小区块，并延伸到嘴角。

【分布范围】分布于印度洋—太平洋海域，西起巴厘岛、菲律宾，东到莱恩群岛与皮特凯恩群岛，北至琉球群岛，南至罗特尼斯岛、豪勋爵岛与拉帕岛等；在我国主要分布于南海及台湾海域。

【生态习性】主要栖息于潟湖与临海礁石区。分布水深为 1～50 m，最大全长 70 cm。

140. 长头马鹦嘴鱼

Hipposcarus longiceps (Valenciennes, 1840)

【英文名】Pacific longnose parrotfish

【别　　名】鹦哥

【形态特征】体延长而略侧扁。吻圆钝；前额不突出。眼近于背侧。后鼻孔并不明显大于前鼻孔。齿板之外表面平滑，上齿板不完全被上唇所覆盖；每一上咽骨具1列臼齿状之咽头齿。背鳍前中线鳞约4；颊鳞3列，上列为6鳞，中列为5～7鳞，下列为1～3鳞。胸鳍具软条14～16；尾鳍于幼鱼时圆形，成体时双截形。稚鱼体呈淡褐色，体侧具有一个宽的橘色纵纹，尾鳍基部具一黑色斑点。初期阶段的雌鱼体色为浅黄褐色，由上而下渐淡，鳞片边缘为白色；头部颜色与体色相仿，但更浅些；背鳍及臀鳍外缘为浅黄色，中央具灰蓝色色带；尾鳍为黄褐色。终期阶段的雄鱼体色为紫蓝色，由上而下渐浅，鳞片边缘为橙色；上唇以上之吻部为紫蓝色，其下为紫绿色，分别向后延伸至背鳍基部及臀鳍基部；背鳍及臀鳍为黄色，外缘及中央部位有紫蓝色纵纹；胸鳍上部为黄色，下部为蓝紫色；腹鳍之软条为浅黄色，硬棘为蓝紫色；尾鳍为深黄绿色。

【分布范围】分布于印度洋—太平洋海域，西起东印度洋的科科斯群岛与罗莱浅滩，东至莱恩群岛与土阿莫土群岛，北至琉球群岛，南至大堡礁与新喀里多尼亚；在我国主要分布于南海及台湾海域。

【生态习性】主要栖息于混浊的潟湖及超过外围礁石的区域。分布水深为2～40 m，最大全长60 cm。

141. 星眼绚鹦嘴鱼
Calotomus carolinus (Valenciennes，1840)

【英 文 名】Carolines parrotfish

【别　　名】鹦哥、蚝鱼、菜仔鱼（雌鱼）、海代

【形态特征】体延长而略侧扁。吻圆钝；前额不突出。外齿分离而未愈合成齿板；闭口时上颌齿会覆盖下颌齿；上颌前端齿呈宽扁状；上咽骨每侧有咽头齿3列，下咽骨之生齿面宽度大于长度。背鳍前中线鳞约3～4(通常为4)；颊鳞1列，4～5个，鳞片大型。胸鳍具软条13；尾鳍于幼鱼时圆形，雌性成鱼圆形或截形，雄性成鱼为内凹形。初期阶段的雌鱼体色单调，为棕色，散布有白色斑点；胸鳍后缘具白缘。终期阶段的雄鱼体呈红褐色及绿褐色相间，鳞缘为橘色；头为深绿褐色，眼睛四周及吻部具有辐射状的橘红色斑纹；背鳍及臀鳍为深绿褐色，上有2条平行之橘色条纹，一条位于鳍之基部，另一条位于鳍之顶端；胸鳍为浅橘绿色，边缘为白色；腹鳍为浅红褐色；尾鳍为橘褐色。

【分布范围】分布于印度洋—泛太平洋海域，西起东非，东到雷维亚希赫多群岛与科隆群岛，北至日本，南至澳大利亚；在我国主要分布于台湾海域。

【生态习性】栖息环境多样化，如珊瑚礁台、潟湖、海草场、沙地以及珊瑚、碎石、海草与杂草丛生的区域等。分布水深为1～71 m，最大全长54 cm。

142. 刺鹦嘴鱼
Scarus spinus (Kner，1868)

【英 文 名】Greensnout parrotfish

【别　　　名】鹦哥、青衫 (雄鱼)、蚝鱼 (雌鱼)

【形态特征】体延长而略侧扁。头部轮廓稍突而呈平滑的圆形。后鼻孔并不明显大于前鼻孔。齿板之外表面平滑，上齿板几被上唇所覆盖；齿板具 1 ～ 2 枚犬齿；每一上咽骨具 1 列臼齿状之咽头齿。背鳍前中线鳞 3 ～ 5(常 4)；颊鳞 3 列，下列为 1 ～ 2 鳞。胸鳍具软条 13 ～ 14。初期阶段之尾鳍为圆形到截形，终期阶段则为深截形。初期之体色为深褐色，腹侧为红褐色；体侧通常具 4 ～ 5 条 1 ～ 2 鳞宽之不明显淡色横斑 (横斑里的中央鳞片为白色)。终期之体色为绿色；鳞片外缘为紫粉红色；吻部前端为黄绿色至绿色；颊部蓝绿色而掺杂橙红色斑纹；颊部具黄色宽区；各鳍蓝绿色，具蓝色外缘，中央具紫粉红色斑纹。

【分布范围】分布于印度洋—太平洋海域，包括东印度洋的圣诞岛，以及菲律宾到美属萨摩亚，北至琉球群岛，南至大堡礁的南方；在我国主要分布于台湾海域。

【生态习性】主要栖息于潟湖外部与临海礁石的珊瑚礁繁盛区域。分布水深为 2 ～ 25 m，最大全长 30 cm。

143. 钝头鹦嘴鱼
Scarus rubroviolaceus Bleeker，1847

【英 文 名】Ember parrotfish

【别　　名】红鹦哥、红衣、青衫 (雄鱼)、红海蜇 (雌鱼)、红黑落 (雌鱼)、海代、红鱿 (雌鱼)、鹦哥 (雄鱼)

【形态特征】体延长而略侧扁。初期头部轮廓呈平滑的弧形，随着成长其前额突出，使吻之背侧呈陡直状。后鼻孔并不明显大于前鼻孔。齿板之外表面平滑，上齿板几被上唇所覆盖；齿板具 0 ~ 3 枚犬齿；每一上咽骨具 1 列臼齿状之咽头齿。背鳍前中线鳞约 6；颊鳞 3 列，上列为 5 ~ 6 鳞，中列为 6 ~ 7 鳞，下列为 1 ~ 3 鳞。胸鳍具软条 14 ~ 15。初期阶段之尾鳍为截形而稍凹，终期阶段则为新月形，上下叶十分延长。初期之体色为红褐色，背部色泽较深，而腹部较浅些；鳞片之中间位置具 1 或 2 条棕色条纹；头部、胸鳍、腹鳍及尾鳍为红棕色，背鳍及臀鳍为浅红棕色，背鳍有深色之外缘。终期之体色为蓝绿色，背部之鳞片一半为黄色，一半为绿色，胸部为黄绿色，并延伸至尾柄部；眼下缘以上之头部为深橄榄色；鳃盖为橙色，并混有绿色；背鳍为淡橙色，并具蓝绿色外缘，颜色较浅；腹鳍为橙色，外缘为蓝色；尾鳍为黄绿色，上端及下端为蓝绿色，背缘处有蓝色小点呈垂直分布。

【分布范围】分布于印度洋—泛太平洋海域，西起东非、南非，东至土阿莫土群岛，北至琉球群岛与夏威夷群岛，南至西澳大利亚的鲨鱼湾与大堡礁的南方；在我国主要分布于南海及台湾海域。

【生态习性】主要栖息于岩礁底质水域，尤其是圆石斜坡，或珊瑚底部。分布水深为 1 ~ 36 m，最大全长 70 cm。

144. 瓜氏鹦嘴鱼
Scarus quoyi Valenciennes，1840

【英 文 名】Quoy's parrotfish

【别　　名】鹦哥

【形态特征】体延长而略侧扁。头部轮廓呈平滑的弧形。后鼻孔并不明显大于前鼻孔。齿板之外表面平滑，上齿板几被上唇所覆盖；齿板具 1 ~ 2 枚犬齿；每一上咽骨具 1 列臼齿状之咽头齿。背鳍前中线鳞约 4；颊鳞 3 列，上列为 6 鳞，中列为 6 鳞，下列为 3 鳞。胸鳍具软条 13。尾鳍为圆形到截形。成体体色为红褐色至橘褐色；鳞片具绿色缘，尤以体之后半部明显；尾柄绿色，散布蓝斑；由头后至背鳍第二软条附近之背侧呈大片绿色区域；头背侧黄绿色，头腹侧红褐色至橘褐色，由口角至眼下具一似三角形之绿色区域；上唇具一绿纹；颏部具不规则绿短纹；另有一绿纵纹贯通眼部，眼后另有一短纹；各鳍橘色，具蓝缘；尾鳍后半中央部位黄绿色至绿色。

【分布范围】分布于印度洋—西太平洋海域，西起印度，东到瓦努阿图，北至琉球群岛，南至新喀里多尼亚；在我国主要分布于台湾海域。

【生态习性】主要栖息于外部峡道与临海礁石的珊瑚礁繁盛区域。分布水深为 2 ~ 18 m，最大全长 40 cm。

145. 黑斑鹦嘴鱼
Scarus globiceps Valenciennes，1840

【英 文 名】Globehead parrotfish

【别　　名】鹦哥、青衫 (雄鱼)、蚝鱼 (雌鱼)、臭腥仔、海帝仔

【形态特征】体延长而略侧扁。头部轮廓呈平滑的弧形。后鼻孔并不明显大于前鼻孔。齿板之外表面平滑，上齿板几被上唇所覆盖；齿板无犬齿；每一上咽骨具 1 列白齿状之咽头齿。背鳍前中线鳞约 5 ~ 7；颊鳞 3 列，上列为 5 鳞，中列为 6 鳞，下列为 1 ~ 4 鳞。胸鳍具软条 14；雌鱼尾鳍为截形，雄鱼则为双凹形。稚鱼 (8 cm 以内) 体呈黑褐色，体侧有白色斑点。初期阶段的雌鱼体色为黑褐色；腹部为鲜红褐色；鳃盖具 2 条或 3 条白色条纹；奇鳍均为黄褐色，基部为鲜红色；胸鳍鳍膜上端为淡黄色，基部为红褐色；腹鳍为红褐色。终期阶段的雄鱼体色为蓝绿色，鳞片具橙红色缘；体前背侧和头背侧具许多小点形成的短斑纹；头部自吻端至鳃盖有 1 条具绿缘的粉红色纵带，纵带下方之头部 (含上下唇) 一致偏淡色；背鳍第四硬棘基底具一小黑点；背鳍、臀鳍绿色，鳍膜中央具一宽的粉红色纵纹；尾鳍绿色，上下叶或具粉红色纵纹。

【分布范围】分布于印度洋—太平洋海域，西起东非，东到莱恩群岛与社会群岛，北至琉球群岛，南至澳大利亚鲨鱼湾、大堡礁的南方与拉帕岛；在我国主要分布于南海及台湾海域。

【生态习性】主要栖息于礁石区外围水域。分布水深为 1 ~ 30 m，最大全长 45 cm。

146. 黑鹦嘴鱼

Scarus niger Forsskål，1775

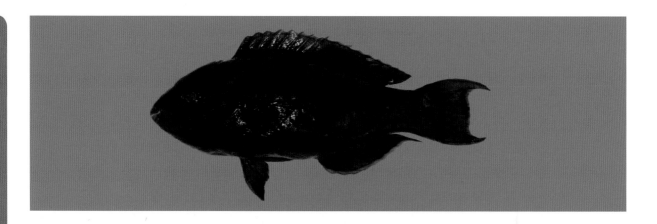

【英 文 名】Dusky parrotfish

【别　　名】鹦哥、青衫 (雄鱼)、蚝鱼 (雌鱼)、青蚝鱼、颈斑鹦哥鱼

【形态特征】体延长而略侧扁。头部轮廓呈平滑的弧形。后鼻孔并不明显大于前鼻孔。齿板之外表面平滑，上齿板几被上唇所覆盖；雌鱼和雄鱼的齿色皆为淡黄色；上齿板于初期无犬齿，终期则具 2 枚犬齿；每一上咽骨具 1 列臼齿状之咽头齿。背鳍前中线鳞 6 ~ 8(常 7)；颊鳞 3 列，上列为 5 ~ 6 鳞，中列为 6 ~ 7 鳞，下列为 1 ~ 4 鳞。胸鳍具软条 13 ~ 15(常 14)。尾鳍于幼鱼时为截形，成鱼微凹、双截形或半月形。稚鱼体呈黑褐色，散布白色斑点；尾柄红褐色；尾鳍淡色而透明，尾鳍基部具半圆形之白斑，斑之上下缘各具一黑斑。初期阶段的雌鱼体色为红棕色；鳞片具深褐色斑点，但尾柄部之鳞片无此特征；头部色泽较鲜丽；上唇橙红色，上端具绿色条纹；颊部具两蓝绿色斑纹；眼部下方有一条不规则之蓝绿色线纹；眼四周有辐射状之不规则条纹；鳃盖上端有一具黑缘之黄绿色斑；各鳍为橙褐色，外缘具有蓝线。终期阶段的雄鱼体色均为深蓝绿色或深绿褐色，鳞片具深色缘；大雄鱼体色再转为暗紫绿色；头部色泽和初期略同；背鳍及臀鳍为橙色或橄榄色，外缘有波浪状之蓝色纵带；尾鳍为深蓝绿色或深绿褐色，外缘具蓝线，后方中央部位具前蓝色后黄色之垂直带，上下叶具橙红色或粉红色纹。

【分布范围】广泛分布于印度洋—太平洋海域，西起红海至南非，东至社会群岛，北至琉球群岛，南至西澳大利亚的鲨鱼湾与大堡礁的南方；在我国主要分布于南海及台湾海域。

【生态习性】主要栖息于清澈的潟湖、峡道与外礁斜坡的珊瑚礁繁盛区域。分布水深为 0 ~ 20 m，最大全长 40 cm。

147. 弧带鹦嘴鱼
Scarus dimidiatus Bleeker，1859

【英 文 名】Yellowbarred parrotfish

【别　　名】鹦哥

【形态特征】体延长而略侧扁。头部轮廓呈平滑的弧形。后鼻孔并不明显大于前鼻孔。齿板之外表面平滑，上齿板几被上唇所覆盖；齿板上无犬齿；每一上咽骨具1列臼齿状之咽头齿。背鳍前中线鳞约4；颊鳞3列，上列为6鳞，中列为5鳞，下列为1～2鳞。胸鳍具软条14；尾鳍圆形或截形。初期阶段的雌鱼体色为黄褐色，于腹部渐趋于白色，体侧上部有3～4条鲜丽的深灰褐色横纹，体侧下部有3条白色纵纹，由鳃盖后缘延伸至臀鳍前缘；下吻部到腹鳍基部之区域为粉红色。终期阶段的雄鱼头部后上方至背鳍第七硬棘之基部及前吻部，均有一片三角形之鲜蓝绿色色区，于此之后则为蓝绿色；另具一条蓝绿色条纹，由眼区斜向胸鳍基部，并有一条粉红色条纹与其联结，其下方为鲜丽的蓝绿色。

【分布范围】分布于西太平洋海域，西起印度尼西亚，东到美属萨摩亚，北至琉球群岛，南至大堡礁；在我国主要分布于南海及台湾海域。

【生态习性】主要栖息于珊瑚礁繁盛的清澈区域或有遮蔽的礁区。分布水深为1～25 m，最大全长40 cm。

148. 黄鞍鹦嘴鱼
Scarus oviceps Valenciennes, 1840

【英文名】Dark capped parrotfish

【别　　名】鹦哥、青衫(雄鱼)、蚝鱼(雌鱼)

【形态特征】体延长而略侧扁。头部轮廓呈平滑的弧形。后鼻孔并不明显大于前鼻孔。齿板之外表面平滑，上齿板几被上唇所覆盖；齿板上无犬齿；每一上咽骨具1列臼齿状之咽头齿。背鳍前中线鳞6～7(常6)；颊鳞3列，上列为5～6鳞，中列为5～6鳞，下列为2～3鳞。胸鳍具软条13～15(常14)；尾鳍内凹，大成鱼截形而上下叶略延长。初期阶段的雌鱼体色为黄褐色，腹部颜色较淡，鳞片外缘为灰色；由吻之上唇，经眼部而至背鳍第七硬棘，均为深褐色至黑色，其后方具2条黄色色带；背鳍为红褐色，外缘颜色较深；余鳍亦为红褐色，其中胸鳍之上端颜色较深，下端颜色较浅。终期阶段的雄鱼体色为蓝绿色，鳞缘为橙色；与初期相同，在同一部位具有一明显色区，然其为紫色；颊部为粉红色；体部之中央部位为蓝绿色；背鳍及臀鳍为蓝绿色；胸鳍之上缘为淡黄色，其余部位为褐色，向下渐淡；尾鳍为蓝绿色，上、下叶及基部有黄褐色宽纹。

【分布范围】分布于印度洋—太平洋海域，西起毛里求斯，东到莱恩群岛与土阿莫土群岛，北至琉球群岛，南至澳大利亚鲨鱼湾与大堡礁；在我国主要分布于南海及台湾海域。

【生态习性】主要栖息于潟湖与临海礁石区。分布水深为1～20 m，最大全长35 cm。

149. 截尾鹦嘴鱼

Scarus rivulatus Valenciennes，1840

【英 文 名】Rivulated parrotfish

【别　　名】鹦哥、青衣、青衫（雄鱼）、蚝鱼（雌鱼）

【形态特征】体延长而略侧扁。头部轮廓呈平滑的弧形。后鼻孔并不明显大于前鼻孔。齿板之外表面平滑，上齿板几被上唇所覆盖；上齿板具 0～2 枚犬齿；每一上咽骨具 1 列臼齿状之咽头齿。背鳍前中线鳞 5～7（常 6）；颊鳞 3 列，上列为 4～5 鳞，中列为 4～5 鳞，下列为 1～2 鳞。胸鳍具软条 13～15（常 14）。初期阶段之尾鳍为圆形到截形，终期阶段则略为双凹形。初期之体色为灰褐色，体上半部较深，下半部较浅；除了腹鳍及臀鳍为红棕色外，其余各鳍与体色相仿。终期之体鳞为绿色，外缘为橙色；背鳍前鳞为绿色，向后则为鲜绿色；头之上部为紫绿色，下部具一大块之橙色三角斑，吻及颌部为橙红色；吻部及眼区则为不规则之绿色色区；背鳍及臀鳍基部为绿色，中央为橙黄色，外缘具波动状之蓝色色带，各鳍膜之中央位置具有大型的绿色斑点；胸鳍为黄绿色，上缘为蓝色，具有橙色条纹；腹鳍为淡橙色或黄色，侧边为蓝色；尾鳍为黄褐色或深蓝绿色，并布有橙色小斑点，后端有蓝色短纹。

【分布范围】分布于西太平洋海域，由泰国到新喀里多尼亚、汤加，北至琉球群岛，南至澳大利亚的珀斯与新南威尔士；在我国主要分布于台湾海域。

【生态习性】主要栖息于岩石与珊瑚礁区。分布水深为 1～30 m，最大体长 40 cm。

150. 绿唇鹦嘴鱼
Scarus forsteni (Bleeker，1861)

【英　文　名】 Forsten's parrotfish

【别　　　名】 红鹦哥、青鹦哥仔、青衣、青衫(雄鱼)、蚝鱼(雌鱼)、红海逮、红咬齿、番仔鱼

【形态特征】 体延长而略侧扁。头部轮廓呈平滑的弧形。后鼻孔并不明显大于前鼻孔。齿板之外表面平滑，上齿板几被上唇所覆盖；大成鱼之上齿板具 1～2 枚犬齿；每一上咽骨具 1 列臼齿状之咽头齿。背鳍前中线鳞约 5～7；颊鳞 3 列，上列为 5～6 鳞，中列为 6～7 鳞，下列为 1～3 鳞。胸鳍具软条 14～15；尾鳍微凹或半月形。稚鱼（8 cm 以内）体呈黑褐色，体侧有数条白色纵纹。初期阶段的雌鱼体色有诸多变异，但大多为背侧红褐色、体侧暗紫红色至黑褐色、腹侧鲜红色至黄色。终期阶段的雄鱼体色为蓝绿色，鳞片具橙红色缘，而背部鳞片会转为绿色，并延伸至尾柄部；胸部及其前方均为蓝绿色；从胸鳍基部至尾柄有一绿色条纹纵走其间；头部上侧为橄榄色，下侧有一道蓝绿色线条由上唇向后达鳃盖边缘；上唇具橙色及蓝绿色色带各 1 条，下唇则仅具一蓝绿色色带；背鳍、臀鳍均为黄色，并且于外缘及基部都有翠绿色之色带分布；胸鳍上部为蓝绿色，下部为橙红色；腹鳍为黄色，硬棘为蓝绿色；尾鳍为蓝绿色，外缘为黄色，基部为橄榄色。

【分布范围】 分布于印度洋—太平洋海域，由东印度洋的圣诞岛到皮特凯恩群岛，北至琉球群岛；在我国主要分布于南海及台湾海域。

【生态习性】 主要栖息于裸露的潟湖外部与临海礁石区，通常在珊瑚丰富的栖息地。分布水深为 3～30 m，最大全长 55 cm。

鹦嘴鱼科 Scaridae

151. 绿颌鹦嘴鱼

Scarus prasiognathos Valenciennes，1840

【英 文 名】Singapore parrotfish

【别　　名】鹦哥、青衫（雄鱼）、蚝鱼（雌鱼）

【形态特征】体延长而略侧扁。头部轮廓呈平滑的弧形。后鼻孔并不明显大于前鼻孔。齿板之外表面平滑，上齿板几被上唇所覆盖；齿板上无犬齿；每一上咽骨具1列臼齿状之咽头齿。背鳍前中线鳞约6～7；颊鳞3列，上列为5鳞，中列为6～7鳞，下列为1～2鳞。胸鳍具软条15。幼鱼之尾鳍为略圆形，成体则为双凹形。初期阶段的雌鱼体色为深红褐色，腹部体色较淡，并具小而不规则之淡蓝色斑点；头部为淡红褐色，除了颌部外，分布有蓝色的小点及短纹，颌部具长形之蓝色条纹；背鳍之鳍膜具蓝色条纹，外缘亦为蓝色；尾鳍具有蓝色小斑点，上、下缘为灰绿色。终期阶段的雄鱼体色为黄绿色；鳞片外缘为深橄榄色；头背侧鲜黄色，吻部及头腹侧蓝绿色；口角至眼部具鲜黄色斜纹；背鳍为蓝绿色，于各鳍膜间均有橙色条纹；臀鳍为蓝色，中央部位有橙色色带；胸鳍为紫蓝色，外缘为蓝色；腹鳍为绿色，具蓝色及橙色外缘；尾鳍鳍膜为深蓝绿色，外缘为深蓝色，上下叶均具橙色纵纹。

【分布范围】分布于印度洋—西太平洋海域，由马尔代夫到巴布亚新几内亚的新爱尔兰岛，包括科科斯群岛、琉球群岛、菲律宾、帕劳；在我国主要分布于台湾海域。

【生态习性】喜成群地栖息于陡峭的珊瑚礁斜坡水域。分布水深为1～25 m，最大全长70 cm。

152. 青点鹦嘴鱼
Scarus ghobban Forsskål，1775

【英 文 名】Blue-barred parrotfish

【别　　名】鹦哥、黄衣鱼、青衫（雄鱼）、红蚝鱼（雌鱼）、红衫、蚝鱼（雌鱼）

【形态特征】体延长而略侧扁。头部轮廓呈平滑的弧形。后鼻孔并不明显大于前鼻孔。齿板之外表面平滑，上齿板几被上唇所覆盖；雌鱼和雄鱼的齿色皆为淡黄色；齿板上有 0～1 枚不很健全之犬齿；每一上咽骨具 1 列臼齿状之咽头齿。背鳍前中线鳞约 6～7；颊鳞 3 列，上列为 5～6 鳞，中列为 5～6 鳞，下列为 0～2 鳞。胸鳍具软条 15～16。尾鳍于幼鱼时为截形，成鱼微凹、双截形或半月形。初期阶段的雌鱼体色为黄褐色，鳞片外缘为蓝色，构成 5 条不规则之蓝色纵带，其中 4 条在躯干部，另 1 条在尾柄部；另有 2 道较短之条纹分布于眼上方及下唇与眼下方之间；背鳍及臀鳍颜色与体色相仿，外缘及基部为蓝色；胸鳍及腹鳍为淡黄色，前端为蓝色；尾鳍为黄色，外缘为蓝色。终期阶段的雄鱼头背侧及体部为绿色，鳞片外缘为橙红色或橙色，体色于腹部渐趋为粉红色，颊部及鳃盖为浅橙色；颌部及峡部为蓝绿色；背鳍及臀鳍为黄色，外缘及基部有蓝绿色纵带；胸鳍为蓝色；腹鳍为淡黄色，硬棘末梢呈蓝色；尾鳍为蓝绿色，内缘及外缘均为黄色。

【分布范围】分布于印度洋—泛太平洋海域，西起红海与南非，东到拉帕岛与迪西岛，北至日本南部，南至澳大利亚新南威尔士；东太平洋海域的加利福尼亚湾到厄瓜多尔；地中海东部的 Shiqmona 海岸外；在我国主要分布于南海及台湾海域。

【生态习性】主要栖息于潟湖与临海礁石区的斜坡与峭壁旁；雄性亦常见于环礁，主要生活于障碍礁石的内部与外缘；雌性则偏爱更深的栖息地；稚鱼则在沿海的藻类栖息地。分布水深为 1～90 m，最大全长 75 cm。

鹦嘴鱼科
Scaridae

153. 网纹鹦嘴鱼

Scarus frenatus Lacepède，1802

【英 文 名】Bridled parrotfish

【别 名】鹦哥、青衫 (雄鱼)、蚝鱼 (雌鱼)

【形态特征】体延长而略侧扁。头部轮廓呈平滑的弧形。后鼻孔并不明显大于前鼻孔。齿板之外表面平滑，上齿板几被上唇所覆盖；大成鱼之上齿板具 0 ～ 2 枚犬齿；每一上咽骨具 1 列臼齿状之咽头齿。背鳍前中线鳞约 6 ～ 7；颊鳞 3 列，上列为 5 ～ 6 鳞，中列为 6 ～ 7 鳞，下列为 2 ～ 4 鳞。胸鳍具软条 14 ～ 15。尾鳍于幼鱼时为截形，成鱼微凹、双截形或半月形。幼鱼身体前半部为红褐色，后半部为浅紫蓝色，并布有白色小斑点。背鳍及臀鳍之硬棘膜具白色及红色斑纹；尾鳍鳍膜透明。初期阶段的雌鱼体色为鲜红色至红褐色，体侧具 5 ～ 7 道深褐色的点状条纹；尾鳍略淡色；各鳍为红色。终期阶段的雄鱼体色为绿色；头部上半部及身体前 2/3 部位具橘色的蠕状线条；头部下半部绿色而散布不规则之橙红色线纹，上下唇另具橙红色斑带；尾鳍蓝绿色，具一橘色之弧形斑。齿板于初期为白色，终期为蓝色。

【分布范围】分布于印度洋—太平洋海域，西起红海，东到莱恩群岛与迪西岛，北至日本南部，南至西澳大利亚的鲨鱼湾、豪勋爵岛与拉帕岛；在我国主要分布于南海及台湾海域。

【生态习性】主要栖息于裸露的外海岩礁区，有时在很浅的水域中；稚鱼则出现在潟湖内珊瑚与碎石之中。分布水深为 1 ～ 25 m，最大全长 47 cm。

154. 许氏鹦嘴鱼

Scarus schlegeli (Bleeker，1861)

【英 文 名】Yellowband parrotfish

【别　　名】鹦哥、青衫(雄鱼)、蚝鱼(雌鱼)

【形态特征】体延长而略侧扁。头部轮廓呈平滑的弧形。后鼻孔并不明显大于前鼻孔。齿板之外表面平滑，上齿板几被上唇所覆盖；齿板具 0 ～ 2 枚犬齿；每一上咽骨具 1 列臼齿状之咽头齿。背鳍前中线鳞约 4；颊鳞 2 列，上列为 4 ～ 5 鳞，下列为 4 ～ 5 鳞。胸鳍具软条 14。初期阶段之尾鳍为圆形到截形，终期阶段则略为双凹形。初期之体色为红褐色至橄榄褐色；鳞片均具橘色至红色纹；体侧具 5 条 1.5 ～ 2 个鳞宽的白色弧状横带；胸鳍基部上方具一小黑斑；吻和颊部红色，上唇具一暗蓝纹且延伸至眼部，颊部另具 2 条暗蓝短纹。终期之体色随年龄而异，从淡橙色混杂绿色，到深褐色杂以蓝色均有；鳞片外缘为橙色；眼以上之头部、颈背部，向后达背鳍第六硬棘基部及第四或第五软条处之区域，具有一道鲜亮之垂直色带，在此区域之上端则有一方形之黄色色块；背鳍及臀鳍为橙色或橙褐色，其外缘为蓝色，基部亦然，鳍膜之中央区域有蓝色色带；尾鳍为橙褐色或更深些，鳍膜上有短的蓝色条纹或小斑点，形成 3 ～ 4 条垂直色带。

【分布范围】分布于印度洋—太平洋海域，包括东印度洋的科科斯群岛及圣诞岛，以及由毛里求斯至土阿莫土群岛与南方群岛，北至琉球群岛，南至鲨鱼湾、大堡礁的南方与拉帕岛；在我国主要分布于南海及台湾海域。

【生态习性】主要栖息于潟湖与临海礁石。分布水深为 1 ～ 50 m，最大全长 40 cm。

155. 蓝臀鹦嘴鱼

Scarus chameleon Choat & Randall，1986

【英 文 名】Festive parrotfish

【别　　名】鹦哥

【形态特征】体延长而略侧扁。头部轮廓呈平滑的弧形，随着成长，眼上方之头背部略隆起。后鼻孔并不明显大于前鼻孔。齿板之外表面平滑，上齿板几被上唇所覆盖；上齿板具一犬齿，下齿板具 1 或 2 枚犬齿；每一上咽骨具 1 列臼齿状之咽头齿。背鳍前中线鳞约 4 ～ 5；颊鳞 3 列，上列为 6 鳞，中列为 6 鳞，下列为 1 ～ 2 鳞。胸鳍具软条 13 ～ 14；尾鳍为微凹或半月形。成体之上部为蓝绿色，下部为黄绿色；鳞片外缘为橙色；眼之前方、后方及上方有两道蓝绿色的条纹；鳃盖边缘处有蓝绿色色带。尾柄为淡黄色。背鳍及臀鳍为蓝绿色，中央具有纵走之橙色色带；尾鳍为鲜橙色，内、外缘均为蓝绿色。

【分布范围】分布于印度洋—太平洋海域，西起东非，东到土阿莫土群岛，北至琉球群岛，南至豪勋爵岛；在我国主要分布于南海及台湾海域。

【生态习性】主要栖息于清澈的潟湖与临海礁石区。分布水深为 1 ～ 30 m，最大全长45 cm。

156. 棕吻鹦嘴鱼
Scarus psittacus Forsskål，1775

【英 文 名】Common parrotfish

【别　　名】鹦哥、青衫(雄鱼)、蚝鱼(雌鱼)、青蚝鱼

【形态特征】体延长而略侧扁。头部轮廓呈平滑的弧形。后鼻孔并不明显大于前鼻孔。齿板之外表面平滑，上齿板几被上唇所覆盖；初期仅上齿板具1枚犬齿，终期上齿板具2枚犬齿，下齿板亦有1枚犬齿；每一上咽骨具1列臼齿状之咽头齿。背鳍前中线鳞约4；颊鳞2列，上列为4~5鳞，下列为4~6鳞。胸鳍具软条14。幼鱼之尾鳍为略圆形，成体则为凹形。初期阶段的雌鱼体色为红褐色至灰色，并于体中央部位有一垂直之深色区域；由胸部至尾鳍基部为淡橙红色；奇鳍均为橙褐色，有浅色之外缘；背鳍之第一鳍膜基部前缘有一深褐色斑点；胸鳍基部上缘具一小黑点。终期阶段的雄鱼之鳞片为半绿及半橙色；腹部具1~3条纵纹；尾柄布有5组绿色斑点及3条绿色条纹于外缘；眼下缘以上之头部为绿色，颈背部混有黄色，头部之下半部为淡橙色，吻部为淡紫灰色；由上唇至眼区有一蓝色色带；眼后方有2条绿带向背侧延伸；鳃盖后缘有1条绿色色带；下唇有2条蓝色短纹；背鳍、臀鳍橙红色，基部及外缘皆为蓝绿色；胸鳍为橙红色，外缘绿色或蓝绿色；尾鳍为橙色，上、下缘为蓝色，后缘中央处有一列垂直之蓝色斑点。

【分布范围】分布于印度洋—太平洋海域，西起红海至南非，东至夏威夷群岛、马克萨斯群岛及土阿莫土群岛，北至日本南部，南至西澳大利亚的鲨鱼湾与豪勋爵岛；在我国主要分布于南海及台湾海域。

【生态习性】主要栖息于礁石平台、潟湖与临海礁石区。分布水深为2~25 m，最大全长34 cm。

157. 角镰鱼
Zanclus cornutus (Linnaeus，1758)

【英 文 名】Moorish idol

【别　　名】角蝶、角蝶仔、孝包须、下包须、吉哥

【形态特征】体极侧扁而高。口小；齿细长，呈刷毛状，多为厚唇所盖住。吻突出。成鱼眼前具一短棘。尾柄无棘。背鳍硬棘延长如丝状。身体呈白色至黄色；头部在眼前缘至胸鳍基部后具极宽的黑边带区；体后端另具 1 个黑横带区，区后具 1 条细白横带；吻上方具 1 个三角形且镶黑边的黄斑；吻背部黑色；眼上方具 2 条白纹；胸鳍基部下方具 1 个环状白纹。腹鳍及尾鳍黑色，具白色缘。

【分布范围】广泛分布于印度洋—太平洋海域及东太平洋海域，西自非洲东部，东到墨西哥，北至日本南部及夏威夷群岛，南到豪勋爵岛及拉帕岛，包括密克罗尼西亚；在我国主要分布于南海及台湾海域。

【生态习性】主要栖息于潟湖、礁台、清澈的珊瑚礁区或岩礁区。分布水深为 3 ～ 182 m，最大全长 23 cm。

158. 库拉索凹牙豆娘鱼
Amblyglyphidodon curacao (Bloch，1787)

【英 文 名】Staghorn damselfish

【别　　名】厚壳仔、黄背雀鲷

【形态特征】体呈卵圆形而侧扁，体长为体高之 1.6 ～ 1.7 倍。吻短而略尖。眼中大，上侧位。口小，上颌骨末端不及眼前缘；齿单列，齿端扁平而具缺刻。眶下骨被鳞，后缘则平滑；前鳃盖骨后缘亦平滑。体被大栉鳞；侧线之有孔鳞 15 ～ 18 个。背鳍单一，软条部延长而呈尖形，硬棘 XIII，软条 11 ～ 14；臀鳍硬棘 II，软条 13 ～ 15；胸鳍鳍条 16 ～ 17；尾鳍叉形，末端呈尖形，上下叶外侧鳍条不延长呈丝状。体呈黄绿色至褐色，体侧具数条暗色宽带；除胸鳍及腹鳍淡色外，其余各鳍色深；胸鳍基底上方无小黑点。

【分布范围】分布于印度洋—西太平洋海域，西起马来西亚，东至萨摩亚，北自琉球群岛，南至澳大利亚大堡礁；在我国主要分布于台湾海域。

【生态习性】主要在潟湖、沿岸港湾、外海珊瑚礁区等较浅而有枝状珊瑚的盘礁上活动。分布水深为 1 ～ 40 m，最大全长 11 cm。

159. 七带豆娘鱼

Abudefduf septemfasciatus (Cuvier，1830)

【英文名】Banded sergeant

【别　　名】立身仔、厚壳仔、七带雀鲷、黑婆

【形态特征】体呈卵圆形而侧扁。吻短而略尖。眼中大，上侧位。口小，上颌骨末端不及眼前缘；齿单列，齿端具缺刻。眶下骨具鳞，后缘则平滑；前鳃盖骨后缘亦平滑。体被大栉鳞；侧线之有孔鳞20～22个。背鳍单一，软条部不延长而呈圆形，硬棘XIII，软条12～14；臀鳍硬棘II，软条11～13；胸鳍鳍条17～19；尾鳍叉形，末端略呈尖形，上下叶外侧鳍条不延长呈丝状。体呈灰白色至黄褐色，体侧有6～7条不甚明显之暗灰色宽横带。胸鳍基底上方有一小黑斑；鳃盖骨后缘上方无黑点；尾柄上无黑点。尾鳍一致为黑褐色。

【分布范围】广泛分布于印度洋—太平洋海域，西自东非，东至莱恩群岛、土阿莫土群岛，北至日本南部，南至大堡礁南部；在我国主要分布于南海及台湾海域。

【生态习性】主要栖息于较平稳之岩礁区、潮池区或潟湖区。分布水深为0～3 m，最大全长23 cm。

160. 五带豆娘鱼
Abudefduf vaigiensis (Quoy & Gaimard, 1825)

【英文名】Indo-Pacific sergeant

【别　　名】厚壳仔、五线雀鲷、岩雀鲷、赤壳仔、花翎仔、咬拨婆、红花咬拨婆

【形态特征】体呈卵圆形而侧扁。吻短而略尖。眼中大，上侧位。口小，上颌骨末端不及眼前缘；齿单列，齿端具缺刻。眶下骨具鳞，后缘则平滑；前鳃盖骨后缘亦平滑。体被大栉鳞；侧线之有孔鳞18～20个。背鳍单一，软条部延长而呈尖形，硬棘XIII，软条14～16；臀鳍硬棘II，软条13～16；胸鳍鳍条18～20；尾鳍叉形，末端呈尖形，上下叶外侧鳍条不延长呈丝状。体呈灰白色至淡黄色，体背偏黄；体侧有5条暗色横带。胸鳍基底上方有一小黑斑；鳃盖骨后缘上方无黑点；尾柄上无黑点。尾鳍灰白色。

【分布范围】广泛分布于印度洋—太平洋海域，西自红海、东非，东至莱恩群岛、土阿莫土群岛，北至日本南部，南至澳大利亚；在我国主要分布于南海及台湾海域。

【生态习性】主要栖息于沿岸岩礁区之浅水域，但亦可栖息在离岸较远或较深的水域内。分布水深为1～15 m，最大全长20 cm。

雀鲷科
Pomacentridae

161. 双斑金翅雀鲷
Chrysiptera biocellata (Quoy & Gaimard，1825)

【英文名】Twinspot damselfish

【别　　名】厚壳仔

【形态特征】体呈椭圆形而侧扁，体长为体高之 2.2 ～ 2.5 倍。眼中大，上侧位。口小，上颌骨末端仅及眼前缘。眶下骨裸出；前鳃盖骨后缘平滑。颊部有鳞 3 列。体被栉鳞；侧线之有孔鳞 16 ～ 19 个。鳃耙数 23 ～ 25。背鳍单一，软条部不延长而呈角形，硬棘 XIII，软条 12 ～ 14；臀鳍硬棘 II，软条 13 ～ 14；胸鳍鳍条 17 ～ 18；尾鳍叉形，上下叶末端呈角形。体呈褐色，幼鱼时在体中部具一白色横纹，成鱼时则缩小成一小的白色鞍状斑；幼鱼于背鳍基底中部具一眼状斑，随着成长而减小，成鱼则完全消失。背鳍基底后端下方另有一具白缘的黑色斑点。

【分布范围】广泛分布于印度洋—太平洋海域，西起东非，东至马绍尔群岛、吉尔伯特群岛与美属萨摩亚，北至琉球群岛，南至澳大利亚；在我国主要分布于南海及台湾海域。

【生态习性】主要栖息于遮蔽的礁石平台内侧，或潟湖、浅滩及水道区域内碎石与岩石的上面。分布水深为 0 ～ 5 m，最大全长 12.5 cm。

162. 长吻眶锯雀鲷
Stegastes lividus (Forster，1801)

雀鲷科 Pomacentridae

【英 文 名】Blunt snout gregory

【别　　名】厚壳仔、黑婆

【形态特征】体呈椭圆形而侧扁，体长为体高之 1.9 ~ 2.0 倍。吻短而钝圆。眶前骨 - 眶下骨的区域宽，其宽大于眼径。口中型；颌齿单列，小而呈圆锥状。眶下骨裸出，下缘具锯齿；前鳃盖骨后缘具锯齿；下鳃盖骨后缘无锯齿。体被栉鳞；背鳍前鳞延伸至鼻孔；侧线之有孔鳞 17 ~ 19 个；侧线与背鳍硬棘中央有鳞列 1.5；胸鳍基部内面不被鳞。背鳍单一，软条部不延长而略呈角形，硬棘Ⅻ，软条 14 ~ 16；臀鳍硬棘Ⅱ，软条 12 ~ 14；胸鳍鳍条 18 ~ 19；尾鳍叉形，上下叶末端角形。稚鱼时，体呈淡黄褐色，背鳍基底后方有淡紫色的小斑点，随着成长而扩散为黑色斑块。成鱼时，黑色斑块消失，体色转呈浅灰褐色至黑色，体背侧色尤暗；体侧的鳞片轮廓颜色亦较深；头部、体侧与鳍鞘上的鳞片中央具蓝色小斑点；眶下区的鳞片大部分为蓝灰色。

【分布范围】分布于印度洋—太平洋海域，西起红海及东非，东至莱恩群岛及社会群岛，北至琉球群岛及小笠原诸岛，南至新喀里多尼亚及汤加；在我国主要分布于南海及台湾海域。

【生态习性】主要栖息于具有死的鹿角珊瑚的珊瑚礁区，以捕食被这些死珊瑚支撑的丝状藻。分布水深为 0 ~ 5 m，最大全长 11 cm。

163. 黑背盘雀鲷

Dischistodus prosopotaenia (Bleeker, 1852)

【英 文 名】Honey-head damse

【别　　名】厚壳仔

【形态特征】体呈椭圆形而侧扁，体长为体高之 2.1 ~ 2.2 倍。唇薄。吻部裸出无鳞。眼中大，上侧位。口小，上颌骨末端不及眼前缘；齿 2 列。眶下骨及眶前骨间无缺刻；前鳃盖骨和眶下骨后缘皆具锯齿。体被栉鳞；侧线之有孔鳞 16 ~ 17 个。背鳍单一，软条部不延长而略呈角形，硬棘 XIII，软条 14 ~ 15；臀鳍硬棘 II，软条 13 ~ 14；胸鳍鳍条 16 ~ 18；尾鳍叉形，上下叶末端略呈圆形。体呈黄褐色，腹面偏白；体侧中部具一宽横带；鳃盖上缘无黑点；胸鳍基底上缘具黑点；各鳞具蓝色斑点及垂直线纹。稚鱼的背鳍基底中心具一个眼状斑。

【分布范围】广泛分布于印度洋—西太平洋海域，西起尼科巴群岛，东到瓦努阿图，北至琉球群岛，南至澳大利亚西北部与大堡礁；在我国主要分布于台湾海域。

【生态习性】主要栖息于潟湖与岸礁区，通常发现于淤泥底海域。分布水深为 1 ~ 12 m，最大全长 18.5 cm。

164. 显盘雀鲷
Dischistodus perspicillatus (Cuvier，1830)

【英文名】Ambon damsel

【形态特征】体白色至浅绿色；头前部、背部和背部后方有 2 个或 3 个黑色的斑点或马鞍状斑或横纹，斑纹形状、高度多变。

【分布范围】分布于我国南海海域。

【生态习性】栖息于浅海岩礁区海域。分布水深为 1 ～ 10 m，最大全长 18 cm。

165. 安汶雀鲷
Pomacentrus amboinensis Bleeker，1868

【英 文 名】Ambon damsel

【别　　名】厚壳仔、金绀仔

【形态特征】体呈椭圆形而侧扁，体长为体高之 2.0 ～ 2.1 倍。吻短而钝圆。口中型；颌齿 2 列，小而呈圆锥状。眶下骨裸出，下缘具强锯齿；前鳃盖骨后缘具锯齿。体被栉鳞；鼻部具鳞；侧线之有孔鳞 17 ～ 18 个。背鳍单一，软条部不延长而呈角形，硬棘 XIII，软条 14 ～ 16；臀鳍硬棘 II，软条 14 ～ 16；胸鳍鳍条 17；尾鳍叉形，上下叶末端呈尖状。体色多变，淡黄褐色或淡紫色至黄色或深褐色。鳃盖上缘具一小黑斑，胸鳍基部上方另具一稍大黑点。除了最大的成鱼外，背鳍末端皆具眼状斑。

【分布范围】分布于印度洋—西太平洋海域，西起印度尼西亚，东至瓦努阿图，北至琉球群岛，南至斯科特礁与新喀里多尼亚；在我国主要分布于台湾海域。

【生态习性】主要栖息于潟湖、岸礁、水道与外礁斜坡区。分布水深为 2 ～ 40 m，最大全长 9 cm。

166. 菲律宾雀鲷
Pomacentrus philippinus Evermann & Seale，1907

【英 文 名】Philippine damsel

【别　　名】厚壳仔

【形态特征】体呈椭圆形而侧扁，体长为体高之 1.9 ～ 2.0 倍。吻短而钝圆。口中型；颌齿 2 列，小而呈圆锥状。眶下骨具鳞，下缘具锯齿；前鳃盖骨后缘具锯齿。体被栉鳞；鼻部具鳞；侧线之有孔鳞 17 ～ 18 个。背鳍单一，软条部不延长而略呈角形，硬棘 XIII，软条 14 ～ 15；臀鳍硬棘 II，软条 14 ～ 16；胸鳍鳍条 18 ～ 19；尾鳍叉形，上下叶末端呈尖状。体一致呈暗褐色，鳞片中央淡色；背鳍、臀鳍褐色至黑色，末端淡色；尾鳍淡色至鲜黄色；腹鳍黑色；胸鳍淡色，基部上半部具一大黑点。

【分布范围】分布于印度洋—西太平洋海域，由马尔代夫到罗莱浅滩、新喀里多尼亚与斐济，北至琉球群岛；在我国主要分布于南海及台湾海域。

【生态习性】主要栖息于潟湖、边缘有大落差的峡道及临海礁石区。分布水深为 1 ～ 12 m，最大全长 10 cm。

167. 白条双锯鱼

Amphiprion frenatus Brevoort，1856

【英 文 名】Tomato clownfish

【别　　名】红小丑、小丑仔、皇帝鱼、蟋蟀仔、白条海葵鱼

【形态特征】体呈椭圆形而侧扁，体长为体高之 1.7 ～ 2.0 倍。吻短而钝。眼中大，上侧位。口小，上颌骨末端不及眼前缘；齿单列，圆锥状。眶下骨及眶前骨具放射状锯齿；各鳃盖骨后缘皆具锯齿。体被细鳞；侧线之有孔鳞 31 ～ 34 个。背鳍单一，软条部不延长而略呈圆形，硬棘Ⅸ ～ Ⅹ，软条 16 ～ 18；臀鳍硬棘Ⅱ，软条 13 ～ 15；胸鳍鳍条 18 ～ 20；雄鱼、雌鱼尾鳍皆呈圆形。体一致呈橘红色或略偏黄；体侧具 1 ～ 3 条白色宽带，幼鱼具 3 条，但最末带没有贯穿尾柄，随着成长白色宽带逐渐消失而仅剩眼后之横带；成熟之雌鱼体色较暗。

【分布范围】分布于西太平洋海域，由印度尼西亚、马来西亚和新加坡至帕劳，北至日本南部；在我国主要分布于南海及台湾海域。

【生态习性】主要栖息于潟湖及珊瑚礁区。分布水深为 1 ～ 12 m，最大全长 14 cm。

168. 克氏双锯鱼

Amphiprion clarkii (Bennett，1830)

【英 文 名】Yellowtail clownfish

【别　　名】小丑鱼、小丑仔、皇帝娘、贪吃公、克氏海葵鱼

【形态特征】体呈椭圆形而侧扁，体长为体高之 1.7 ~ 2.0 倍。吻短而钝。眼中大，上侧位。口小，上颌骨末端不及眼前缘；齿单列，圆锥状。眶下骨及眶前骨具放射状锯齿；各鳃盖骨后缘皆具锯齿。体被细鳞；侧线之有孔鳞 34 ~ 35 个。背鳍单一，软条部不延长而呈圆形，硬棘 X ~ XI，软条 15 ~ 17；臀鳍硬棘 II，软条 12 ~ 15；胸鳍鳍条 18 ~ 21；雄鱼尾鳍截形，末端呈尖形，雌鱼尾鳍呈叉形，末端呈角形。体一般呈黄褐色至黑色，体侧具 3 条白色宽带；胸鳍及尾鳍淡色，其余鳍颜色不定，或暗色，或黄色，或淡色。

【分布范围】分布于印度洋—西太平洋海域，由波斯湾到密克罗尼西亚，北至中国及日本南部；在我国主要分布于南海及台湾海域。

【生态习性】主要栖息于潟湖及外礁斜坡处。分布水深为 1 ~ 60 m，最大体长 15 cm。

169. 三斑宅泥鱼

Dascyllus trimaculatus (Rüppell，1829)

【英 文 名】Threespot dascyllus

【别　　名】三点白、厚壳仔、黑婆

【形态特征】体呈圆形而侧扁，体长为体高之 1.4 ~ 1.6 倍。吻短而钝圆。口中型；两颌齿小而呈圆锥状，靠外缘之齿列渐大且齿端背侧有不规则之绒毛带。眶前骨具鳞，眶下骨具鳞，下缘具锯齿；前鳃盖骨后缘多少呈锯齿状。体被栉鳞；侧线之有孔鳞 17 ~ 20 个。鳃耙数 23 ~ 25。背鳍单一，软条部不延长而呈角形，硬棘XII，软条 14 ~ 16；臀鳍硬棘II，软条 13 ~ 15；胸鳍鳍条 18 ~ 21；尾鳍内凹形，上下叶末端略呈圆形。体色呈暗褐色到黑色；体侧中央具一淡色斑点，头背上另有一淡色斑点。幼鱼时体色暗，斑点泛白；随着成长，体色渐淡，斑点亦变淡，甚至消失。

【分布范围】分布于印度洋—西太平洋海域，西起红海、东非，东至夏威夷群岛及马克萨斯群岛，北到日本南部，南至澳大利亚；在我国主要分布于南海及台湾海域。

【生态习性】主要栖息于岩礁及珊瑚礁区。分布水深为 1 ~ 55 m，最大全长 14 cm。

170. 宅泥鱼

Dascyllus aruanus (Linnaeus，1758)

雀鲷科 Pomacentridae

【英 文 名】Whitetail dascyllus

【别　　名】三间雀、厚壳仔

【形态特征】体呈圆形而侧扁，体长为体高之 1.5 ～ 1.7 倍。吻短而钝圆。口中型；两颌齿小而呈圆锥状，靠外缘之齿列渐大且齿端背侧有不规则之绒毛带。眶前骨具鳞，眶下骨具鳞，下缘锯齿状；前鳃盖骨后缘多少呈锯齿状。体被栉鳞；侧线之有孔鳞 15 ～ 19 个。鳃耙数 23 ～ 24。背鳍单一，软条部不延长而呈角形，硬棘 XII，软条 11 ～ 13；臀鳍硬棘 II，软条 11 ～ 13；胸鳍鳍条 17 ～ 19；尾鳍叉形，上下叶末端略呈圆形。体呈白色，体侧具 3 条黑色横带；在吻部与眶间骨间的头背部具一个大的褐色斑点；唇暗色或白色；尾鳍灰白；腹鳍黑色；胸鳍透明。

【分布范围】广泛分布于印度洋—西太平洋海域，西起红海、东非，东至莱恩群岛、马克萨斯群岛及土阿莫土群岛，北至日本南部，南至澳大利亚等；在我国主要分布于南海及台湾海域。

【生态习性】主要栖息于潟湖内的浅滩及亚潮带的礁石平台水域。分布水深为 0 ～ 20 m，最大全长 10 cm。

171. 密鳃鱼

Hemiglyphidodon plagiometopon (Bleeker，1852)

【英文名】Lagoon damselfish

【别　　名】厚壳仔

【形态特征】体呈椭圆形而侧扁。吻稍长而略尖。眼中大，上侧位。口小，上颌骨末端不及眼前缘；齿单列，齿端具缺刻。眶下骨具鳞，后缘则平滑；前鳃盖骨后缘亦平滑。体被栉鳞；侧线之有孔鳞14～17个。背鳍单一，软条部不延长而呈尖形，硬棘XIII，软条13～15；臀鳍硬棘II，软条13～15；胸鳍鳍条16～17；鳃耙数65～85；尾鳍叉形，末端呈圆形，上下叶外侧鳍条不延长呈丝状。体一致呈黄褐色至暗褐色。稚鱼的腹部后方橘黄色，背部前方褐色，脸部与背部有许多蓝色线纹与斑点。

【分布范围】分布于西太平洋海域，包括泰国（普吉岛）、中国、菲律宾、印度尼西亚、新几内亚岛、帝汶海、西澳大利亚、大堡礁、新不列颠岛与所罗门群岛等；在我国主要分布于南海海域。

【生态习性】主要栖息于周围遮蔽的潟湖与岸礁区内的树枝状珊瑚，通常在底部有许多藻类的珊瑚基底区域活动。分布水深为1～20 m，最大全长18 cm。

172. 凹吻篮子鱼
Siganus corallinus (Valenciennes，1835)

篮子鱼科
Siganidae

【英 文 名】Blue-spotted spinefoot

【别　　名】臭肚

【形态特征】体呈椭圆形，较高而侧扁。眼大，位于头中部近背缘。吻尖突。背鳍无缺刻。背鳍 XIII - 10；臀鳍 VII - 9；胸鳍 16～17。背鳍、臀鳍长，鳍条部后缘圆弧形；胸鳍宽而短；尾鳍叉形。体黄褐色，体侧有很多暗蓝色斑点。

【分布范围】分布于印度洋—太平洋海域，包括琉球群岛海域、澳大利亚海域；在我国主要分布于南海海域。

【生态习性】栖息于珊瑚礁海域。分布水深为 3～30 m，最大体长 35 cm。

173. 斑篮子鱼
Siganus punctatus (Schneider & Forster，1801)

篮子鱼科 Siganidae

【英文名】Goldspotted spinefoot

【别　　名】臭肚、象鱼、变身苦、象耳、臭肚仔、羊矮仔、卢矮仔

【形态特征】体呈椭圆形，较高而侧扁，体长为体高之 1.9～2.3 倍。头小。吻尖突，但不形成吻管。眼大，侧位。口小，前下位；下颌短于上颌，几被上颌所包；上下颌具细齿 1 列。体被小圆鳞，颊部前部具鳞；侧线上鳞列数 23～27。背鳍单一，硬棘与软条之间无明显缺刻；尾柄较粗，尾鳍深叉形。头及体侧呈蓝褐色至黑褐色；头、体侧及尾鳍上满布许多具黑缘围绕之金黄色圆斑；鳃盖后上方有一大约眼径宽之污斑。背鳍、臀鳍与体同色或较深色。

【分布范围】分布于西太平洋海域，西起科科斯群岛、澳大利亚西岸，东至萨摩亚，北至日本南部；在我国主要分布于南海及台湾海域。

【生态习性】主要栖息于水质清澈的潟湖或面海的礁区。分布水深为 1～40 m，最大全长 40 cm。

174. 蠕纹篮子鱼
Siganus vermiculatus (Valenciennes，1835)

【英 文 名】Vermiculated spinefoot

【别　　名】臭肚、象鱼

【形态特征】体呈长椭圆形，较高而侧扁，体长为体高之 1.9 ～ 2.2 倍。头小。吻尖突，但不形成吻管。眼大，侧位。口小，前下位；下颌短于上颌，几被上颌所包；上下颌具细齿 1 列。体被小圆鳞，颊部前部具鳞；侧线上鳞列数 17 ～ 26。背鳍单一，硬棘与软条之间无明显缺刻；尾鳍叉形。体侧上半部为褐色，下半部为灰白色；并满布蠕纹，蠕纹间散布小黑点。头部为暗棕色，具明显的网状纹。尾鳍散布暗斑。

【分布范围】广泛分布于印度洋—西太平洋海域，西自印度、斯里兰卡，东至东所罗门群岛，北至日本南部，南至澳大利亚等；在我国主要分布于台湾海域。

【生态习性】主要栖息潟湖或面海珊瑚礁区之浅水域，偶见于离岸数十千米海域。分布水深为 0 ～ 20 m，最大全长 45 cm。

175. 黑身篮子鱼
Siganus punctatissimus Fowler & Bean，1929

【英 文 名】Peppered spinefoot

【别　　名】臭肚、象鱼

【形态特征】体呈椭圆形，较高而侧扁，体长为体高之 2.0 ～ 2.2 倍。头小。吻尖突，但不形成吻管。眼大，侧位。口小，前下位；下颌短于上颌，几被上颌所包；上下颌具细齿 1 列。体被小圆鳞，颊部前部具鳞，喉部中线具鳞；侧线上鳞列数 17 ～ 21。背鳍单一，硬棘与软条之间无明显缺刻；尾柄较粗，尾鳍深叉形。头及体侧呈紫褐色，满布许多细小蓝白色圆斑；鳃盖后上方有一大约眼径宽之污斑。尾鳍黄褐色而具黑色缘。

【分布范围】分布于西太平洋海域，由日本南部至澳大利亚沿海；在我国主要分布于台湾海域。

【生态习性】主要栖息于水质清澈的潟湖或位于水道的礁区。分布水深为 12 ～ 30 m，最大体长 35 cm。

176. 狐篮子鱼
Siganus vulpinus (Schlegel & Müller，1845)

【英 文 名】Foxface

【别　　名】臭肚

【形态特征】体呈椭圆形，头前部尖。吻长，呈管状。背鳍XIII - 10；臀鳍VII - 9；胸鳍 15 ~ 17。体黄色，头部、胸部有白色区。自背鳍前经眼至吻端有一黑色宽带，前胸黑色。

【分布范围】分布于中西太平洋海域，包括琉球群岛海域、菲律宾海域、澳大利亚海域；在我国主要分布于南海及台湾海域。

【生态习性】栖息于浅海岩礁区及珊瑚礁海域。分布水深为 1 ~ 30 m，最大体长 25 cm。

177. 眼带篮子鱼
Siganus puellus (Schlegel，1852)

【英 文 名】Masked spinefoot

【别　　名】臭肚、象鱼

【形态特征】体呈长椭圆形，侧扁，背缘和腹缘呈弧形，体长为体高之 2.3～2.6 倍；尾柄较粗壮。头小。吻尖突，但不形成吻管。眼大，侧位。口小，前下位；下颌短于上颌，几被上颌所包；上下颌具细齿 1 列。体被小圆鳞，颊部前部具鳞，喉部中线具鳞；侧线上鳞列数 18～25。背鳍单一，硬棘与软条之间无明显缺刻；尾鳍分叉。体及各鳍呈黄色至橙黄色，往下侧而渐淡；在胸鳍附近体侧具横向之银蓝色波浪纹，体侧其他部位则具纵向之银蓝色波浪纹；头部具贯通眼部的具银蓝色缘之黑色宽斜带，眼之上方斜带另具深黑色圆斑；鳃盖后缘具宽银蓝色带。

【分布范围】分布于印度洋—西太平洋海域，西起科科斯群岛，东至马绍尔群岛、所罗门群岛，北至日本南部，南至澳大利亚及新喀里多尼亚；在我国主要分布于南海及台湾海域。

【生态习性】主要栖息于水质清澈的潟湖或面海珊瑚礁区之浅水域。分布水深为 2～30 m，最大全长 38 cm。

178. 银色篮子鱼
Siganus argenteus (Quoy & Gaimard，1825)

篮子鱼科

Siganidae

【英文名】Streamlined spinefoot

【别　　名】臭肚、象鱼、象耳、臭肚仔、羊矮仔、卢矮仔

【形态特征】体呈长椭圆形，侧扁，背缘和腹缘呈弧形，体长为体高之 2.4 ~ 3.0 倍；尾柄细长。头小。吻尖突，但不形成吻管。眼大，侧位。口小，前下位；下颌短于上颌，几被上颌所包；上下颌具细齿 1 列。体被小圆鳞，颊部前部具鳞，喉部中线无鳞；侧线上鳞列数 16 ~ 22。背鳍单一，硬棘与软条之间有一缺刻；尾鳍深分叉。体背海水蓝色，往腹部渐呈银色，头部后面及体侧满布黄色小斑点；鳃盖末缘有一短黑色带。背鳍与尾鳍黄色；臀鳍与腹鳍银色；胸鳍为暗黄色。但鱼受惊吓或休息时体色会变成暗褐色与亮褐色纹相杂，前者形成 7 条斜线；鱼死亡后，体色会褪成褐色。

【分布范围】广泛分布于印度洋—太平洋海域，西起红海、非洲东部，东至法属波利尼西亚，北至日本南部，南至澳大利亚东部；在我国主要分布于南海及台湾海域。

【生态习性】暖水性鱼类，常形成小群体栖息于朝海的珊瑚礁区或岩礁区。分布水深为 0 ~ 40 m，最大全长 40 cm。

179. 篮子鱼属未定种
Siganus sp.

180. 太平洋拟鲈
Parapercis pacifica Imamura & Yoshino，2007

【英 文 名】Speckled sandperch

【别　　名】海狗甘仔、狗、举目鱼、雨伞闩、花狗母海、沙鲈

【形态特征】体延长，近似圆柱状，尾部略侧扁；头稍小而似尖锥形。吻尖而平扁。眼中大，上侧位，稍突出于头背缘。口中大，略倾斜；上颌略短于下颌；颌齿呈绒毛状齿带，外列齿较大，下颌前端具犬齿 8 枚；犁骨具齿，腭骨无齿。体被细鳞，侧线简单而完全；侧线鳞数 58 ～ 60。背鳍连续，硬棘部与软条部间具深缺刻，具硬棘 V，软条 21 ～ 22；臀鳍硬棘 I，软条 17 ～ 18；胸鳍软条 17 ～ 18；尾鳍圆形。体淡白色或淡灰色；头部具许多细点；体侧具 3 纵列黑点，另具 5 条横带，其中 4 条横带下端具眼斑；胸鳍基部具 4 个斑点；尾鳍具许多小点，中央软条部有一大型黑斑。

【分布范围】分布于印度洋—西太平洋海域，西起红海及东非，东到斐济，北至日本，南至澳大利亚；在我国主要分布于南海及台湾海域。

【生态习性】主要栖息于潟湖浅滩以及有遮蔽的临海礁石区之沙泥或碎石底水域。分布水深为 0 ～ 6 m，最大体长 18.6 cm。

181. 圆拟鲈

Parapercis cylindrica (Bloch，1792)

肥足䲁科 Pinguipedidae

【英 文 名】Cylindrical sandperch

【别 名】海狗甘仔、狗、举目鱼、雨伞闩、花狗母海、沙鲈

【形态特征】体延长，近似圆柱状，尾部略侧扁；头稍小而似尖锥形。吻尖而平扁。眼中大，上侧位，稍突出于头背缘。口中大，略倾斜；上颌略短于下颌；颌齿呈绒毛状齿带，外列齿较大，下颌前端具犬齿10枚；犁骨具齿，腭骨有齿。体被细鳞，侧线简单而完全；侧线鳞数48～52。背鳍连续，硬棘部与软条部间具深缺刻，具硬棘 V，软条21～22；臀鳍硬棘 I，软条17；胸鳍软条14～16；尾鳍圆形。体背黄褐色，腹面灰白色；体侧具9～10条暗色的梭形横带，且延伸至腹部，并于腹面中线与另一侧之横带相连；头侧具2条黑褐色斜带；颐部前方有一暗斑；上唇有2个具褐缘之淡斑延伸至眼前缘。背鳍硬棘部灰黄色，第二至第五硬棘间具黑斑；各鳍浅灰色或淡色，具黑色小点。

【分布范围】分布于西太平洋海域，北至日本南部，南至澳大利亚新南威尔士，东至斐济与马绍尔群岛；在我国主要分布于东海、南海及台湾海域。

【生态习性】主要栖息于掩蔽的海湾、港湾及潟湖区内清澈的水域。分布水深为1～20m，最大全长23cm。

182. 短豹鳚
Exallias brevis (Kner，1868)

鳚

科

Blenniidae

【英 文 名】Leopard blenny

【别　　名】狗鲦

【形态特征】体长椭圆形，稍侧扁；头钝短。头顶无冠膜；鼻须 5～8 分支；眼上须 9～10 分支；两侧颈须 30～32 分支，丛生于颈侧同一膨大基部。上唇具细褶，下唇具皱褶，下唇两侧后方侧孔皆具 1 对须；上颌齿可自由活动，下颌齿稍可活动；上下颌不具犬齿；犁骨无齿。侧线在前方有许多短侧支。背鳍Ⅻ-12～13；臀鳍Ⅱ-13～14；胸鳍 5；腹鳍Ⅰ-4。背鳍最后软条与尾柄相连，臀鳍不与尾柄相连；成熟雄鱼在臀鳍硬棘有一螺旋状的膨大肉趾。体散布团状的黑褐色斑点，活鱼时为桃红色；鳍亦布满斑点，活鱼时胸鳍、尾鳍为浅黄色。

【分布范围】分布于印度洋—太平洋海域，西起红海、南非，东至夏威夷群岛、马克萨斯群岛及社会群岛，北至日本，南至新喀里多尼亚及拉帕岛等；在我国主要分布于台湾海域。

【生态习性】主要栖息于珊瑚礁区，通常停栖于枝状珊瑚上。分布水深为 3～20 m，最大全长 14.5 cm。

183. 细纹凤鳚

Salarias fasciatus (Bloch, 1786)

【英文名】Jewelled blenny

【别　　名】狗鳚、花鳚仔、跳海仔

【形态特征】体长椭圆形，稍侧扁；头钝短。头顶无冠膜；鼻须、眼上须和颈须分支。上下唇平滑，齿小可动，上下腭齿大小相同。背鳍XII - 19 ~ 20；臀鳍II - 19 ~ 21；胸鳍14；腹鳍I - 3。背鳍缺刻浅，背鳍与尾柄相连，臀鳍部分与尾柄相连。体侧有8对黑褐色带在背鳍、臀鳍中央基部形成成对的黑点；身体前部中央有许多黑纹及1列黑点；2条黑褐色带由一眼经头部下方至另一眼；头顶、眼眶上和上唇有许多黑点；另有3条黑褐色带穿过腹部：第一条经过腹鳍基，第二条在胸鳍基间，第三条在腹鳍基和肛门间；背鳍基部有小黑斑形成网状纹；腹鳍、胸鳍、臀鳍和尾鳍皆散布黑褐色小点。

【分布范围】分布于印度洋—太平洋海域，西起红海、南非，东至萨摩亚，北至日本，南至大堡礁、新喀里多尼亚等；在我国主要分布于南海及台湾海域。

【生态习性】主要栖息于沿岸具藻丛之珊瑚礁平台或潟湖区，或是礁沙混合但藻类丛生的区域。分布水深为 0 ~ 8 m，最大全长 14 cm。

184. 暗纹动齿鳚

Istiblennius edentulus **(Forster & Schneider，1801)**

【英 文 名】Rippled rockskipper

【别　　名】狗鲦

【形态特征】体长椭圆形，稍侧扁；头钝短。雄鱼头顶具冠膜，雌鱼无。鼻须掌状分支；眼上须、颈须单一不分支、上下唇平滑；无犬齿。背鳍Ⅻ～ⅩⅣ - 19～21；胸鳍13～14；腹鳍Ⅰ- 3。背鳍具缺刻，最后一棘小；背鳍与尾柄相连，臀鳍不与尾柄相连；除了成熟大雄鱼外，臀鳍棘很小且埋入皮内。雄鱼体侧具6～7对深横带，前方2～3对延伸至背鳍硬棘部基底，后方横带则延伸至软条部而呈斜斑，背鳍硬棘部另有3～4条白纵线，而软条部亦有白色斜线；臀鳍近鳍缘处有黑色带，且有2条白线，活鱼时为蓝白色；雌鱼的体侧横带较淡；体后侧、背鳍和臀鳍有许多黑点散布。

【分布范围】分布于印度洋—太平洋海域，西起红海、非洲东岸，东至马克萨斯群岛及土阿莫土群岛，北至日本，南至豪勋爵岛及拉帕岛等；在我国主要分布于南海及台湾海域。

【生态习性】主要栖息于沿岸潮间带礁石潮池区。分布水深为0～5 m，最大全长16 cm。

185. 条纹动齿鳚

Istiblennius lineatus (Valenciennes，1836)

【英 文 名】Lined rockskipper

【别 名】狗鲦

【形态特征】体长椭圆形，稍侧扁；头钝短。雄鱼头顶具冠膜，雌鱼无。鼻须、眼上须掌状分支；无颈须。上唇具锯齿缘，下唇平滑；齿小而可动，上下颌齿大小相等。背鳍 XII ～ XIV（常 XIII）- 20 ～ 24(常 22 ～ 23)；臀鳍 II - 22 ～ 25(常 23 ～ 24)；胸鳍 13 ～ 15(常 14)；腹鳍 I - 3。背鳍具缺刻，最后一棘小；背鳍与尾柄相连，臀鳍不与尾柄相连；臀鳍棘部分埋入皮内。头部有不规则的横断线，眼后有一灰斑；体侧近背鳍处有 6 ～ 7 对黑斑点，越向下越不显，体侧另有 7 ～ 8 条黑纵线，但近背鳍处和体后侧较不规则，呈断裂或互相连接状，雌鱼体侧纵线则呈点带；背鳍另具多条黑斜线。

【分布范围】广泛分布于印度洋—太平洋热带海域；在我国主要分布于南海及台湾海域。

【生态习性】主要栖息于沿岸潮间带礁石潮池区。分布水深为 0 ～ 3 m，最大全长 15 cm。

鰕虎鱼科 Gobiidae

186. 黑点鹦鰕虎鱼
Exyrias belissimus (Smith，1959)

【英文名】Mud reef-goby

【别　　名】苦甘仔

【形态特征】体侧扁，具有 2 个背鳍，腹鳍呈吸盘状，尾鳍大而呈圆形。第一背鳍鳍条Ⅵ，第二背鳍鳍条Ⅰ-9～10，臀鳍鳍条Ⅰ-8～10，胸鳍鳍条 17～18，腹鳍鳍条Ⅰ-5。纵列鳞数 28～32，横列鳞数 8～9，第一背鳍前鳞列数 8～9。

【分布范围】分布于印度洋—西太平洋海域；在我国主要分布于台湾海域。

【生态习性】主要栖息于珊瑚礁区。分布水深为 1～30 m，最大体长 15 cm。

187. 单角鼻鱼
Naso unicornis (Forsskål，1775)

【英 文 名】Bluespine unicornfish

【别　　名】剥皮仔、打铁婆、独角倒吊、鬼角、老牛、挂角狄

【形态特征】体呈椭圆形而侧扁；尾柄两侧各有 2 个盾状骨板，其上各有 1 个龙骨突。头小，随着成长，眼前方之额部逐渐突出而形成长而钝圆之角状突起，其长度与吻长略同，吻背朝后上方倾斜，直到角突处为止。口小，端位，上下颌各具 1 列齿，齿稍侧扁且尖锐，两侧或有锯状齿。背鳍及臀鳍硬棘尖锐，分别具Ⅵ棘及Ⅱ棘，各鳍条皆不延长；尾鳍截平，上下叶缘延长如丝。体呈蓝灰色，腹侧则为黄褐色，尾柄部的盾状骨板为蓝黑色。背鳍与臀鳍有数条暗色纵线，并具蓝缘。

【分布范围】分布于印度洋—太平洋海域，西起红海、非洲东部，东至马克萨斯群岛及土阿莫土群岛，北至日本南部，南至豪勋爵岛及拉帕岛；在我国主要分布于东海、南海及台湾海域。

【生态习性】主要栖息于水道、潟湖、礁岸、礁区斜坡或有拂浪处。分布水深为 1～180 m，最大叉长 70 cm。

188.短吻鼻鱼
Naso brevirostris (Cuvier，1829)

【英 文 名】Spotted unicornfish

【别 名】剥皮仔、打铁婆、独角倒吊、天狗鲷、鬼角、老娘、挂角狄

【形态特征】体呈椭圆形而侧扁；尾柄两侧各有2个盾状骨板，其上各有1个龙骨突。头小，随着成长，眼前方之额部逐渐突出而形成长而钝圆之角状突起，角状突起与吻部几呈直角。口小，端位，上下颌各具1列齿，齿稍侧扁且尖锐，两侧或有锯状齿。背鳍及臀鳍硬棘尖锐，分别具Ⅵ棘及Ⅱ棘，各鳍条皆不延长；尾鳍截平，上下叶不延长。体呈橄榄色至暗褐色，鳃膜白色。亚成鱼的头部及体侧均散布许多暗色小点；成鱼时体侧会形成暗色垂直带，而垂直带之上下方则散布暗色点，头部亦具暗色点；尾鳍白色至淡蓝色，基部具1个暗色大斑。

【分布范围】广泛分布于印度洋—太平洋海域，西起红海、非洲东部，东至马克萨斯群岛及迪西岛，北至日本，南至豪勋爵岛；在我国主要分布于南海及台湾海域。

【生态习性】主要栖息于潟湖和礁区外坡中水层水域。分布水深为2～122 m，最大全长60 cm。

189. 颊吻鼻鱼
Naso lituratus (Forster, 1801)

【英文名】Orangespine unicornfish

【别　　名】剥皮仔、打铁婆、鬼角、老娘

【形态特征】体呈卵圆形而侧扁，且不随年龄而改变；尾柄两侧各有 2 个盾状骨板，其上各有 1 个龙骨突。头小，头背斜直，随着成长，成鱼在前头部无角状突起，亦无瘤状突起。口小，端位，上下颌各具 1 列齿，齿稍侧扁略圆，两侧或有锯状齿。背鳍及臀鳍硬棘尖锐，分别具 Ⅵ 棘及 Ⅱ 棘，各鳍条皆不延长；尾鳍弯月形，雄性成鱼之上下鳍条延长为丝状。体灰褐色，吻部上方之颈部为黑色；眼后方及上方另具一个黄色区块；眼下缘至口角有 1 条黄色带；鼻孔边缘白色；唇部橘黄色。背鳍内侧黑色，外侧乳白色；臀鳍与体侧同色，但幼鱼时为橘黄色或黄色；尾鳍黑褐色而具黄色光泽。尾柄盾状骨板橘黄色。

【分布范围】广泛分布于印度洋—太平洋海域，西起红海、非洲东部，东至土阿莫土群岛，北至日本，南至澳大利亚大堡礁及新喀里多尼亚；在我国主要分布于南海及台湾海域。

【生态习性】栖息于珊瑚礁、岩礁区或碎石底之潟湖区，常于礁区上方或中水层活动。分布水深为 0 ～ 90 m，最大体长 46 cm。

190. 拟鲔鼻鱼
Naso thynnoides (Cuvier，1829)

【英 文 名】Oneknife unicornfish

【别 名】剥皮仔、打铁婆、鬼角

【形态特征】体呈长椭圆形而侧扁；尾柄两侧各有 1 个盾状骨板，其上各有 1 个龙骨突。头小，头背弧形，随着成长，成鱼在前头部无角状起，亦无瘤状突起。口小，端位，上下颌各具 1 列齿，齿稍侧扁且尖锐，两侧或有锯状齿。背鳍及臀鳍硬棘尖锐，分别具Ⅳ棘及Ⅱ棘，各鳍条皆不延长；尾鳍弯月形，上下叶缘不延长如丝。体背侧呈深褐色，腹侧深色，体侧具不显且大小不一之垂直细纹；尾鳍一致为暗色，基部具白色斑块。骨板基部同体色。

【分布范围】分布于印度洋—西太平洋海域，由非洲东部至巴布亚新几内亚，北至日本南部；在我国主要分布于南海及台湾海域。

【生态习性】为半大洋性鱼种，但一般活动于近岸。主要栖息于较深的潟湖或礁区斜坡海域。分布水深为 2 ～ 40 m，最大叉长 40 cm。

191. 六棘鼻鱼

Naso hexacanthus (Bleeker， 1855)

【英 文 名】Sleek unicornfish

【别　　名】剥皮仔、打铁婆、鬼角、老娘、粗皮狄

【形态特征】体呈椭圆形而侧扁；尾柄两侧各有 2 个盾状骨板，其上各有 1 个龙骨突。头小，头背弧形，随着成长，成鱼在前头部无角状突起，亦无瘤状突起。口小，端位，上下颌各具 1 列齿，齿稍侧扁且尖锐，两侧或有锯状齿。背鳍及臀鳍硬棘尖锐，分别具 Ⅵ 棘及 Ⅱ 棘，各鳍条皆不延长；尾鳍截平或内凹，上下叶不延长。体背侧褐色至蓝灰色，腹侧黄色；鳃膜暗褐色；25 cm 以上成鱼之舌黑色。一般体侧无任何斑纹，雄鱼或许在头部上部具有淡蓝色斑块，而体侧前部另具有一些淡蓝色横带或斑点。前鳃盖骨及鳃盖骨的边缘为土黄色至暗褐色。尾鳍浅蓝色或稍暗，末端具黄色缘。

【分布范围】广泛分布于印度洋—太平洋海域，西起红海、非洲东部，东至马克萨斯群岛及迪西岛，北至日本，南至豪勋爵岛；在我国主要分布于台湾海域。

【生态习性】喜栖息于清澈的潟湖区或外礁区斜坡。分布水深为 6 ~ 150 m，最大叉长 75 cm。

192. 丝尾鼻鱼
Naso vlamingii (Valenciennes，1835)

【英文名】Bignose unicornfish

【别　　名】剥皮仔、打铁婆、鬼角、老牛、挂角狄

【形态特征】体长卵形，侧扁；尾柄两侧各2个盾状骨板，各发展成一向前生且粗短尖锐之龙骨突；头小，头背弧形，随着成长，成鱼在前头部无角状突起，亦无瘤状突起，但吻突出于上颌。口小，端位，上下颌各具1列齿，齿稍侧扁且尖锐，两侧或有锯状齿。背鳍及臀鳍硬棘尖锐，分别具Ⅴ棘及Ⅱ棘，各软条皆不延长，分别为26～27及26～29；尾鳍截平或内凹，上下叶缘延长如丝。体黑褐色；头部有暗蓝色细点，眼前具蓝纵斑；吻部具蓝环带；体侧则具不规则而排列紧密之暗蓝色垂直纹，而垂直纹上下部散布许多暗蓝色细点。背鳍、臀鳍及尾鳍上下叶具蓝缘。

【分布范围】广泛分布于印度洋—太平洋海域，西起非洲东部，东至莱恩群岛、马克萨斯群岛及土阿莫土群岛，北至日本南部，南至澳大利亚大堡礁及新喀里多尼亚；在我国主要分布于南海及台湾海域。

【生态习性】主要栖息于较深的潟湖区或礁区斜坡海域。分布水深为1～50 m，最大全长60 cm。

193. 突角鼻鱼

Naso annulatus (Quoy & Gaimard，1825)

【英 文 名】Whitemargin unicornfish

【别　　名】剥皮仔

【形态特征】体呈椭圆形而侧扁；尾柄两侧各有 2 个盾状骨板，其上各有 1 个龙骨突。头小，随着成长，眼前方之额部逐渐突出而形成长而钝圆之角状突起，角状突起与吻部呈 60°。口小，端位，上下颌各具 1 列齿，齿稍侧扁且尖锐，两侧或有锯状齿。背鳍及臀鳍硬棘尖锐，分别具 V 棘及 II 棘，各鳍条皆不延长；尾鳍截平，上下叶缘微延长。体呈橄榄色至暗褐色，鳃膜白色，体侧无任何斑纹；背鳍基部有一灰带，背鳍与臀鳍软条部有数条纵线纹；尾柄与腹鳍缘白色，成鱼消失。

【分布范围】广泛分布于印度洋—太平洋海域，西起非洲东部，东至土阿莫土群岛，北至日本，南至豪勋爵岛；在我国主要分布于台湾海域。

【生态习性】栖息于潟湖和礁区海域。分布水深为 1 ~ 60 m，最大全长 100 cm。

194. 橙斑刺尾鱼

Acanthurus olivaceus Bloch & Schneider，1801

【英 文 名】Orangespot surgeonfish

【别　　名】红印倒吊、一字倒吊、倒吊、番倒吊、宪兵

【形态特征】体呈椭圆形而侧扁；尾柄两侧各有 1 个尖棘。头小，头背部轮廓随着成长而突出。口小，端位，上下颌各具 1 列扁平齿，齿固定不可动，齿缘具缺刻。背鳍及臀鳍硬棘尖锐，分别具Ⅺ棘及Ⅲ棘，各鳍条皆不延长；胸鳍近三角形；尾鳍弯月形，随着成长，上下叶逐渐延长。6 cm 以下之幼鱼身体一致呈黄色，随着成长，体色逐渐转呈灰褐色，成鱼呈暗褐色，体侧不具任何线纹，但在鳃盖上方、眼正后方具一字形镶深蓝色缘之橘黄斑，斑长大于头长，宽于眼径。背鳍及臀鳍灰褐色，鳍缘为淡蓝色，基底各具 1 条黑色线纹；尾鳍灰褐色，具许多深色不规则斑点或线纹，末端鳍缘具宽白色带；胸鳍及腹鳍灰褐色；尾柄棘沟缘为黑褐色。

【分布范围】广泛分布于印度洋—太平洋海域，西起东印度洋之圣诞岛，东至马克萨斯群岛及土阿莫土群岛，北至日本，南至豪勋爵岛；在我国主要分布于南海及台湾海域。

【生态习性】成鱼主要栖息于近潮池之礁区或礁沙混合区，幼鱼则栖息于遮蔽的内湾或潟湖外侧。分布水深为 3 ~ 46 m，最大全长 35 cm。

■ 西沙群岛七连屿珊瑚礁鱼类图谱

195. 额带刺尾鱼

Acanthurus dussumieri Valenciennes，1835

【英 文 名】Eyestripe surgeonfish

【别　　名】眼纹倒吊、粗皮仔、倒吊

【形态特征】体呈椭圆形而侧扁；尾柄两侧各有1个尖棘。头小，头背部轮廓不特别突出。口小，端位，上下颌各具1列扁平齿，齿固定不可动，齿缘具缺刻。背鳍及臀鳍硬棘尖锐，分别具Ⅺ棘及Ⅲ棘，各鳍条皆不延长；胸鳍近三角形；尾鳍弯月形，随着成长，上下叶逐渐延长。体黄褐色，具许多蓝色不规则波状纵线，头部黄色而具有蓝色点及蠕纹；紧贴着眼睛后方具一不规则之黄色斑块，眼前另具一黄色带横跨眼间隔；鳃盖膜黑色。背鳍及臀鳍黄色，基底及鳍缘具蓝带；尾鳍蓝色，具许多小黑点，基部有一黄弧带；胸鳍上半部黄色，下半部蓝色或暗色；尾柄棘沟缘为黑色，尾棘为白色。

【分布范围】广泛分布于印度洋—太平洋海域，西起非洲东部，东至夏威夷群岛及莱恩群岛，北至日本，南至澳大利亚大堡礁及豪勋爵岛；在我国主要分布于南海及台湾海域。

【生态习性】栖息于沿岸珊瑚礁及岩礁地带。分布水深为4～131 m，最大全长54 cm。

196. 黑尾刺尾鱼
Acanthurus nigricauda Duncker & Mohr，1929

刺尾鱼科
Acanthuridae

【英 文 名】Epaulette surgeonfish
【别　　名】倒吊、粗皮仔、红皮倒吊、番倒吊
【形态特征】体呈椭圆形而侧扁；尾柄两侧各有 1 个尖棘。头小，头背部轮廓随着成长而突出。口小，端位，上下颌各具 1 列扁平齿，齿固定不可动，齿缘具缺刻。背鳍及臀鳍硬棘尖锐，分别具Ⅺ棘及Ⅲ棘，各鳍条皆不延长；胸鳍近三角形；尾鳍弯月形，随着成长，上下叶逐渐延长。体一致为紫灰至黑褐色，体侧无任何小斑点及线纹，但在鳃盖上方、眼正后方具一字形黑斑，在尾柄棘前亦具一黑斑。背鳍及臀鳍黑褐色，背鳍基底具一有时不显之紫色纹，鳍缘为淡蓝色；尾鳍褐色，鳍缘为白色，基部具白色弧带；胸鳍基部黑色，余淡白色；腹鳍黑色，鳍缘为淡蓝色；尾柄棘沟缘为黑褐色。
【分布范围】分布于印度洋—西太平洋海域，西自东非，东至土阿莫土群岛，北起日本南部，南迄澳大利亚大堡礁；在我国主要分布于南海及台湾海域。
【生态习性】主要栖息于清澈而面海的潟湖及礁区。分布水深为 1 ～ 30 m，最大全长 40 cm。

197. 横带刺尾鱼
Acanthurus triostegus (Linnaeus，1758)

【英 文 名】Convict surgeonfish

【别　　名】条纹刺尾鱼、番仔鱼、番倒吊

【形态特征】体呈椭圆形而侧扁；尾柄两侧各有 1 个尖棘。头小，头背部眼前稍突。口小，端位，上下颌各具 1 列扁平齿，齿固定不可动，齿缘具缺刻。背鳍及臀鳍硬棘尖锐，分别具 XI 棘及 III 棘，各鳍条皆不延长；胸鳍近三角形；尾鳍略内凹或近截形。体一致为具光泽之灰绿色至黄绿色，腹面白色，体侧与腹面颜色相交处另具 1 条波状黑色纵纹，随着成长而明显；头部及体侧共约有 5 条黑色横带，第一条横带贯穿眼部而形成 1 条眼带，最后一条则位于尾柄前方；尾鳍前方之尾柄背侧另具 1 个黑色鞍状斑，腹侧有 1 个黑点；头背侧由眼间隔至吻端的正中央另具 1 条黑色窄带；各鳍淡色至黄绿色。

【分布范围】分布于印度洋—泛太平洋海域，西自东非，东至巴拿马，北起日本南部，南迄豪勋爵岛、拉帕岛及迪西岛，包含密克罗尼西亚；在我国主要分布于南海及台湾海域。

【生态习性】栖息于潟湖和礁区海域。分布水深为 0 ～ 90 m，最大全长 27 cm。

198. 日本刺尾鱼
Acanthurus japonicus (Schmidt，1931)

【英 文 名】Japan surgeonfish

【别　　名】花倒吊、倒吊

【形态特征】体呈椭圆形而侧扁；尾柄两侧各有1个尖棘。头小，头背部轮廓不特别突出。口小，端位，上下颌各具1列扁平齿，齿固定不可动，齿缘具缺刻。背鳍及臀鳍硬棘尖锐，分别具Ⅺ棘及Ⅲ棘，各鳍条皆不延长；胸鳍近三角形；尾鳍近截形或内凹。体色一致为黑褐色，但越往后部体色略偏黄，眼睛下缘具一白色宽斜带，向下斜走至上颌；下颌另具半月形白环斑。背鳍及臀鳍为黑色，基底各具1条鲜黄色带纹，向后渐宽；背鳍软条部另具1条宽鲜橘色纹；尾鳍淡灰白色，前端具白色宽横带，后接黄色窄横带；奇鳍皆具蓝色缘；胸鳍基部黄色，余为灰黑色；尾柄为黄褐色，棘沟缘为鲜黄色，尾柄棘亦为鲜黄色。

【分布范围】分布于印度洋—西太平洋海域，由印度尼西亚的苏门答腊岛、菲律宾至中国；在我国主要分布于南海及台湾海域。

【生态习性】主要栖息于清澈而面海的潟湖及礁区。分布水深为 1～20 m，最大全长21 cm。

199. 纵带刺尾鱼

Acanthurus lineatus (Linnaeus, 1758)

【英 文 名】Lined surgeonfish

【别　　名】纹倒吊、彩虹倒吊、花倒吊、番倒吊、老娘

【形态特征】体呈椭圆形而侧扁；尾柄两侧各有 1 个尖棘。头背部轮廓不特别突出。口小，端位，上下颌各具 1 列扁平齿，齿固定不可动，齿缘具缺刻。背鳍及臀鳍硬棘尖锐，分别具 XI 棘及 III 棘，各鳍条皆不延长；尾鳍弯月形，随着成长，上下叶逐渐延长。尾柄棘尖锐而极长。头部及体侧上部约 3/4 的部位为黄色，并具有 8 ～ 11 条镶黑边的蓝色纵纹，上部数条伸达背鳍；下部则为淡蓝色。腹鳍橘黄至鲜橘色且具黑缘；尾鳍前部暗褐色，后接 1 条蓝色弯月纹，弯月纹后有一片淡蓝色区，上下叶为黄褐色；余鳍淡褐色至黄褐色；奇鳍皆具蓝色缘。

【分布范围】分布于印度洋—太平洋海域，西自东非，东至夏威夷群岛、马克萨斯群岛及土阿莫土群岛，北起日本南部，南迄澳大利亚大堡礁及新喀里多尼亚，包含密克罗尼西亚；在我国主要分布于南海及台湾海域。

【生态习性】栖息于珊瑚礁或岩礁之浪拂区。分布水深为 0 ～ 15 m，最大全长 38 cm。

200. 黑鳃刺尾鱼
Acanthurus pyroferus Kittlitz，1834

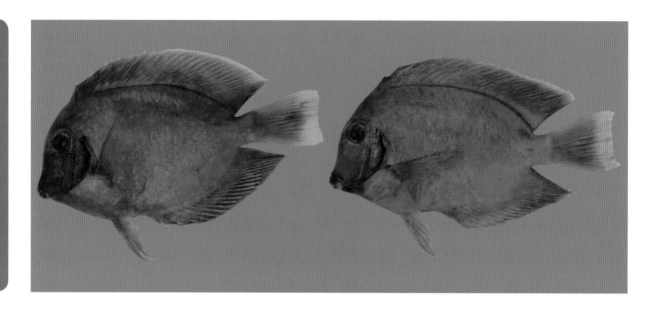

【英 文 名】Chocolate surgeonfish

【别　　名】巧克力倒吊、黄倒吊、倒吊

【形态特征】体呈椭圆形而侧扁；尾柄两侧各有 1 个尖棘。头小，头背部轮廓随着成长而略突出。口小，端位，上下颌各具 1 列扁平齿，齿固定不可动，齿缘具缺刻。背鳍及臀鳍硬棘尖锐，分别具Ⅷ棘及Ⅲ棘，各鳍条皆不延长；胸鳍近三角形；幼鱼时尾鳍呈圆形，随着成长逐渐呈弯月形，成鱼时上下叶延长。幼鱼体色共有 3 种：一为一致呈黄色；二为呈黄色，但鳃盖、背鳍、臀鳍及尾鳍具蓝缘，此为模仿黄尾刺尻鱼 (*Centropyge ferrugatus*) 之体色；三为呈淡灰绿色，后部逐渐变黑色，此为模仿福氏刺尻鱼 (*C. vrolicki*) 之体色。随着成长，体逐渐呈黄褐色，成鱼呈暗褐色，体侧不具任何线纹，但在胸鳍基部上下具大片橘黄色斑块，鳃盖后部具黑色宽斜带。背鳍及臀鳍黑褐色，鳍缘为黑色，基底各具一黑色线纹；尾鳍黑褐色，具黄色宽线缘；胸鳍及腹鳍黑褐色；尾柄棘沟缘为黑色。

【分布范围】广泛分布于印度洋—太平洋海域，西起塞舌尔，东至马克萨斯群岛及土阿莫土群岛，北至日本，南至澳大利亚大堡礁及新喀里多尼亚；在我国主要分布于台湾海域。

【生态习性】主要栖息于潟湖外侧、近潮池之礁区或礁沙混合区。分布水深为 4 ~ 60 m，最大全长 29 cm。

201. 横带高鳍刺尾鱼
Zebrasoma velifer (Bloch, 1795)

【英 文 名】Sailfin tang

【别　　名】粗皮鱼、高鳍刺尾鲷、老娘

【形态特征】体呈卵圆形而侧扁；尾柄两侧各有 1 个尖棘。口小，端位，上下颌齿较大，齿固定不可动，扁平，边缘具缺刻。背鳍及臀鳍硬棘尖锐，分别为Ⅳ棘及Ⅲ棘，前方软条较后方延长，呈伞形；腹鳍Ⅰ-5；尾鳍弧形。尾棘在尾柄前部，稍可活动。体呈灰白色，体侧具 6 条褐色垂直横带，横带上另具细横带；尾柄褐色，尾柄棘及沟为暗色；幼鱼体色为黄色，亦具有横带。

【分布范围】广泛分布于印度洋—太平洋海域，西起红海、非洲东部，东至夏威夷群岛及土阿莫土群岛，北至日本，南至澳大利亚大堡礁及新喀里多尼亚；在我国主要分布于南海及台湾海域。

【生态习性】主要栖息于清澈而面海的潟湖及礁区。分布水深为 1～45 m，最大体长40 cm。

202. 小高鳍刺尾鱼
Zebrasoma scopas (Cuvier，1829)

【英文名】Twotone tang

【别　　名】三角倒吊

【形态特征】体呈卵圆形而侧扁；尾柄两侧各有 1 个尖棘。口小，端位，上下颌齿较大，齿固定不可动，扁平，边缘具缺刻。背鳍及臀鳍硬棘尖锐，分别为 V 棘及Ⅲ棘，前方软条较后方延长，呈伞形；腹鳍Ⅰ - 5；尾鳍弧形。尾棘在尾柄前部，稍可活动。幼鱼除体末端、背鳍和臀鳍的末端以及整个尾鳍黄褐色外，其余部分一致呈鲜黄色，随着成长，从后部往前部逐渐转为黑褐色；头部及体侧前部散布小蓝点，体侧后部有许多蓝色细纵纹；尾柄棘附近体侧，随成长而具一黑色椭圆斑；尾柄棘白色。

【分布范围】广泛分布于印度洋—太平洋海域，西起非洲东部，东至土阿莫土群岛，北至日本，南至豪勋爵岛及拉帕岛；在我国主要分布于台湾海域。

【生态习性】主要栖息于珊瑚繁生的潟湖及面海的礁区。分布水深为 1 ～ 60 m，最大体长 40 cm。

203. 双斑栉齿刺尾鱼
Ctenochaetus binotatus Randall, 1955

【英文名】Twospot surgeonfish

【别　　名】正吊、倒吊

【形态特征】体呈椭圆形而侧扁；尾柄部有一尖锐而尖头向前之矢状棘。头小，头背部轮廓不特别突出。口小，端位，上下颌各具刷毛状细长齿，齿可活动，齿端膨大呈扁平状。背鳍及臀鳍硬棘尖锐，分别具Ⅷ棘及Ⅲ棘，各鳍条皆不延长；胸鳍近三角形；尾鳍内凹。体被细栉鳞，沿背鳍及臀鳍基底有密集小鳞。体呈橘褐色，体侧有许多淡蓝色波状纵线，背鳍、臀鳍鳍膜约有 5 条纵线，头部及胸部散布蓝色小点；虹膜蓝色。背鳍及臀鳍之后端基部均具黑点。幼鱼暗褐色，尾鳍黄色。

【分布范围】广泛分布于印度洋—太平洋海域，西起非洲东部，东至土阿莫土群岛，北至日本，南至澳大利亚大堡礁及汤加；在我国主要分布于台湾海域。

【生态习性】栖息于石砾底且较深的潟湖和面海礁区海域。分布水深为 8 ~ 53 m，最大全长 22 cm。

204. 栉齿刺尾鱼
Ctenochaetus striatus (Quoy & Gaimard, 1825)

刺尾鱼科 Acanthuridae

【英 文 名】Striated surgeonfish

【别　　名】正吊、涟剥、倒吊

【形态特征】体呈椭圆形而侧扁；尾柄部有一尖锐而尖头向前之矢状棘。头小，头背部轮廓不特别突出。口小，端位，上下颌各具刷毛状细长齿，齿可活动，齿端膨大呈扁平状。背鳍及臀鳍硬棘尖锐，分别具Ⅷ棘及Ⅲ棘，各鳍条皆不延长；胸鳍近三角形；尾鳍内凹。体被细栉鳞，沿背鳍及臀鳍基底有密集小鳞。体呈暗褐色，体侧有许多蓝色波状纵线，背鳍、臀鳍鳍膜约有 5 条纵线，头部及颈部散布橙黄色小点；眼之前下方有丫字形白色斑纹。成鱼背鳍或臀鳍之后端基部均无黑点，幼鱼之背鳍后端基部则有黑点。

【分布范围】广泛分布于印度洋—太平洋海域，西起红海、非洲东部，东至土阿莫土群岛，北至日本，南至澳大利亚大堡礁及拉帕岛；在我国主要分布于黄海、东海、南海及台湾海域。

【生态习性】栖息于珊瑚礁区或岩礁海域。分布水深为 1 ～ 35 m，最大全长 26 cm。

Pleuronectiformes

九、鲽形目

205. 凹吻鲆
Bothus mancus (Broussonet，1782)

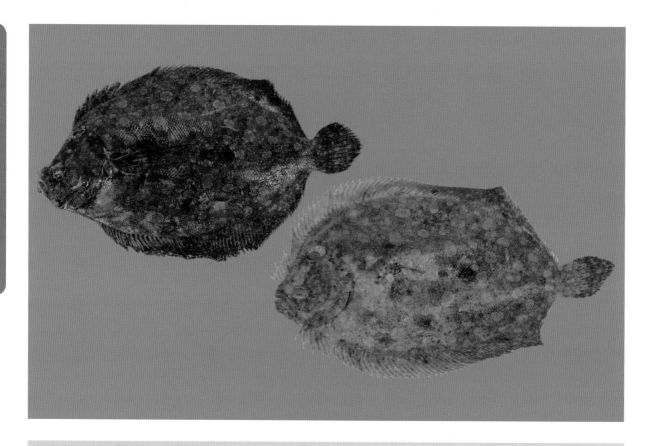

【英 文 名】Flowery flounder

【别　　名】扁鱼、皇帝鱼、半边鱼、比目鱼、肉眯仔

【形态特征】体卵圆形，两眼均在左侧；背缘呈弧形。吻略长。眼小，雄鱼眼前缘平滑或具一小棘，眼间隔极宽且凹陷。口小或中大；上颌骨稍长，延伸至下眼前缘后方；上下颌具2行或更多尖锐锥状齿；腭骨无齿。鳃膜不与峡部相连；鳃耙尖形，不呈锯齿状。眼侧被小栉鳞，盲侧被圆鳞；背鳍与臀鳍鳍条均被鳞；眼侧具侧线，盲侧无侧线；侧线鳞数76～89。背鳍鳍条正常，具软条96～102；臀鳍鳍条正常，具软条74～81；胸鳍延长，特别是雄鱼；尾鳍圆形。眼侧体棕色，具黑色或暗棕色斑点，胸鳍后上方有一大斑；盲侧乳黄色，雄鱼具许多黑色小点。

【分布范围】广泛分布于印度洋—太平洋等热带海域；在我国主要分布于南海及台湾海域。

【生态习性】主要栖息于珊瑚礁区的泥沙地或平贴在礁石上。分布水深为3～150 m，最大全长51 cm。

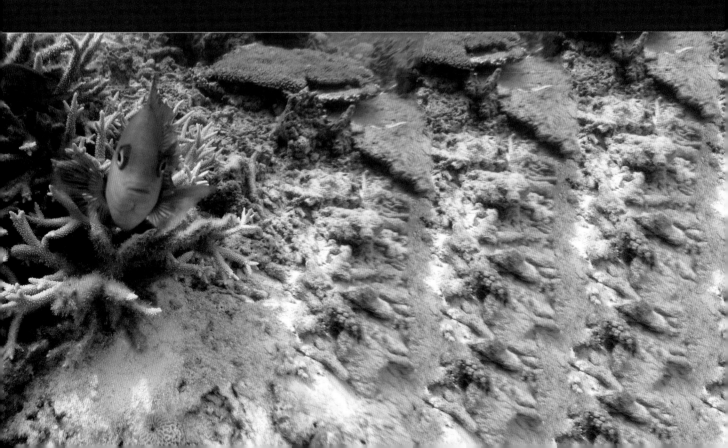

十、鲀形目

Tetraodontiformes

206. 大斑刺鲀
Diodon liturosus Shaw，1804

【英 文 名】Black-blotched porcupinefish

【别　　名】刺规、气瓜仔

【形态特征】体短圆筒形，头和体前部宽圆。尾柄锥状，后部侧扁。吻宽短，背缘微凹。眼中大。鼻孔每侧 2 个，鼻瓣呈卵圆状突起。口中大，前位；上下颌各具 1 个喙状大齿板，无中央缝。头及体上的棘甚坚硬而长；尾柄无小棘；眼下缘下方具 1 枚指向腹面的小棘。前部棘具 2 个棘根，可自由活动；后部棘具 3 个棘根，不可自由活动。背鳍 1 个，位于体后部、肛门上方，具软条 14 ~ 16；臀鳍与其同形，具软条 14 ~ 16；胸鳍宽短，上侧鳍条较长，具软条 21 ~ 25；尾鳍圆形，具软条 9。体背侧灰褐色，腹面白色，背部及侧面有一些具浅色缘的深色斑块，另有一些黑色小斑点分布；眼下方具喉斑；背鳍、胸鳍、臀鳍及尾鳍淡色，无任何圆形小黑斑。

【分布范围】分布于印度洋—太平洋海域，西起非洲东岸，东至社会群岛，北至日本南部，南迄澳大利亚；在我国主要分布于南海及台湾海域。

【生态习性】热带暖水性底层鱼类，主要栖息于浅海礁石周缘或陡坡附近。分布水深为 1 ~ 90 m，最大全长 65 cm。

207. 密斑刺鲀

Diodon hystrix Linnaeus，1758

【英 文 名】Spot-fin porcupinefish

【别　　名】刺规、气瓜仔、来麻规、番刺规

【形态特征】体短圆筒形，头和体前部宽圆。尾柄锥状，后部侧扁。吻宽短，背缘微凹。眼中大。鼻孔每侧 2 个，鼻瓣呈卵圆状突起。口中大，前位；上下颌各具 1 个喙状大齿板，无中央缝。头及体上的棘甚坚硬而长；尾柄亦具小棘；眼下缘下方无指向腹面的小棘。前部棘具 2 个棘根，可自由活动；后部棘具 3 个棘根，不可自由活动。背鳍 1 个，位于体后部、肛门上方，具软条 14 ~ 17；臀鳍与其同形，具软条 14 ~ 16；胸鳍宽短，上侧鳍条较长，具软条 22 ~ 25；尾鳍圆形，具软条 9。体背侧灰褐色，腹面白色，背部及侧面有许多深色卵圆形斑点，体腹面在眼下方有一褐色弧带；背鳍、胸鳍、臀鳍及尾鳍皆有圆形黑斑。

【分布范围】分布于全世界各热带海域；在我国主要分布于南海及台湾海域。

【生态习性】热带海洋性表中层鱼类，主要栖息于浅海内湾、潟湖及面海的礁区。分布水深为 2 ~ 50 m，最大全长 91 cm。

208. 网纹短刺鲀
Chilomycterus reticulatus (Linnaeus，1758)

【英 文 名】Spotfin burrfish

【别　　名】刺规、气瓜仔、番刺规

【形态特征】体短圆筒形，头和体前部宽圆。尾柄锥状，后部侧扁。吻宽短，背缘微凹。眼中大。无鼻孔，鼻瓣呈盘状，位于眼前上方。口中大，前位；上下颌各具1个喙状大齿板，无中央缝。体上的棘甚坚硬，平伏于体表，稍露出皮外；吻部、眼上缘、头顶及颊部光滑无棘；尾柄背部具1或2枚棘。各棘具3或4个棘根，不能活动。背鳍1个，位于体后部、肛门上方，具软条12；臀鳍与背鳍同形，具软条11；胸鳍宽短，上侧鳍条较长；尾鳍圆形，具软条10。体背侧灰褐色，腹面白色；头部眼下方及鳃孔前方各具一黑褐色横带；体侧另具数个黑斑点。各鳍灰褐色，鳍上均密布黑斑。

【分布范围】分布于全世界各热带海域，但呈区块分布；在我国主要分布于南海海域。

【生态习性】热带海洋性底层鱼类，成鱼行独居生活，一般生活于礁石区或软质底海域；幼鱼则行大洋漂游性生活。分布水深为 20 ～ 100 m，最大长度 69.7 cm。

209. 拟态革鲀

Aluterus scriptus (Osbeck，1765)

单角鲀科 Monacanthidae

【英文名】Scribbled leatherjacket filefish

【别　名】海扫手、乌达婆、扫帚鱼、剥皮鱼、粗皮狄、扫帚竹、达仔

【形态特征】体长椭圆形，侧扁而高；尾柄中长，上下缘明显双凹形。吻上缘稍凹，下缘极凹；头高约等于体高。口端位，唇薄；上下颌齿楔形，上颌齿2列，下颌齿1列。鳃孔在眼前半部下方或眼前缘下方，与体中线成45°～50°，鳃孔几乎全落于体中线下方。体表不甚粗糙，被小鳞，有许多小棘散布直立于整个鳞片上。背鳍2个，基底分离甚远，第一背鳍位于鳃孔上方，第一背鳍棘位于眼中央上方或眼前半部上方，棘弱而细长且易断，棘前缘具1列小突起，棘下方体背之棘沟浅，棘膜极小；第二背鳍棘退化，埋于皮膜下。第二背鳍鳍条45～47，臀鳍鳍条46～49，皆为前部长于后部，鳍缘截平，臀鳍基稍长于背鳍基；腹鳍膜不明显，几乎无；尾鳍长圆形，随成长而长。体浅褐色；具许多小黑点与短水平纹；尾鳍色深；余鳍淡色。

【分布范围】广泛分布于世界各温带及热带海域；在我国主要分布于南海及台湾海域。

【生态习性】主要栖息于潟湖及面海的礁区。分布水深为3～120 m，最大全长110 cm。

十、鲀形目 ■ 223

210. 棘尾前孔鲀

Cantherhines dumerilii (Hollard，1854)

【英 文 名】Whitespotted filefish

【别　　名】剥皮鱼、粗皮狄、达仔、剥皮竹

【形态特征】体椭圆形，侧扁而高；尾柄短。吻长，头高。口端位；唇厚。鳃孔位于眼后半部下方或眼后缘下方，约在体中线上方，且成67°。胸鳍基在体中线下方。体被小鳞，鳞片的基板上有粗短低矮的小棘。尾柄无刚毛，但每侧具4个由鳞片小棘特化的倒钩。耻骨末端露出体表，覆盖住极小且不可动之特化鳞片。背鳍2个，基底分离甚远，第一背鳍位于鳃孔上方，第一背鳍棘位眼前半部上方，棘两侧各具1列小棘，棘后缘有2列小棘，背鳍棘强壮且长，棘基后方体背之棘沟深；腹鳍膜中等；尾鳍短而圆。体褐色；体中央至尾柄有十几条不明显之垂直带；唇与尾柄倒钩为白色。尾鳍深褐色，具黄缘；余鳍淡黄色。

【分布范围】分布于印度洋—太平洋海域，西起红海、非洲东岸，东至社会群岛及土阿莫土群岛，北至日本南部，南至澳大利亚大堡礁；在我国主要分布于南海及台湾海域。

【生态习性】主要栖息于外海的珊瑚礁区。分布水深为6～70m，最大全长38cm。

211. 细斑前孔鲀

Cantherhines pardalis (Rüppell，1837)

【英 文 名】Honeycomb filefish

【别　　名】剥皮鱼、剥皮竹、狄婆

【形态特征】体椭圆形，侧扁而高；尾柄短。吻长，头高。口端位；吻上缘稍凹。鳃孔长于眼径，位于眼中央下方，大部分位于体中线上方。胸鳍基全在体中线下方。耻骨末端露出体外，上覆盖有 3 对特化鳞片，鳞片小而短且不可动，第一对与第三对在腹面连合。体被小鳞，上有十几个紧密聚集成堆之极粗壮的圆锥状小棘；尾柄鳞片小棘延长成丝状，使尾柄布满细刚毛。背鳍 2 个，基底分离甚远，第一背鳍位于鳃孔上方，第一背鳍棘位于眼前半部上方，强壮且长，后侧缘下方具小棘，此棘基后之棘沟深；腹鳍膜稍大；尾鳍短而圆。体灰褐色，布满紧密而外围为白纹之规则斑点，似网状纹；头部具许多来自体侧延伸之白纹，皆向吻端集中；腹鳍膜缘蓝色，上有许多小黑点。背鳍棘膜暗色；尾鳍淡黄褐色而具白缘；余鳍淡色。

【分布范围】分布于印度洋—太平洋海域，西起红海、非洲东岸，东至马克萨斯群岛及迪西岛，北至日本南部，南至豪勋爵岛；在我国主要分布于南海及台湾海域。

【生态习性】主要栖息于外围礁区的斜坡处。分布水深为 2 ～ 20 m，最大全长 25 cm。

212. 叉斑锉鳞鲀
Rhinecanthus aculeatus (Linnaeus, 1758)

【英文名】White-banded triggerfish

【别　　名】黑纹炮弹、尖板机鲀、包仔、狄婆

【形态特征】体稍延长，呈长椭圆形，尾柄短。口端位，齿白，具缺刻。眼前无深沟。颊部被鳞；鳃裂后有大型骨质鳞片。背鳍2个，基底相接近，第一背鳍位于鳃孔上方，第一硬棘粗大，第二硬棘细长，第三硬棘极短，不明显，不露出于棘基深沟。尾柄具3列小棘，上两列向前延伸至第二背鳍后半部下方，最后一列很短，只局限在尾柄部分。体背部褐色，腹部白色；从眼到胸鳍基部有一镶细蓝线之褐色带，此带中央亦具1条细蓝线；眼间隔蓝色，上有3条黑线；有一蓝带围着上唇；从口部有一橘带延伸至胸鳍基下方；体中央偏上有一大黑斑，自此黑斑至臀鳍基具数条窄黑带，彼此以白色带相隔；另有2条宽黑带延伸至第二背鳍基部；尾柄小棘黑色。除第一背鳍黑色外，其余鳍均为白色，但尾鳍稍具深黄色。

【分布范围】分布于印度洋—太平洋海域，西起红海、非洲东岸，东至土阿莫土群岛及马克萨斯群岛，北至日本南部，南至豪勋爵岛；在我国主要分布于南海及台湾海域。

【生态习性】主要栖息于浅的潟湖区及亚潮带礁区。分布水深为0～50 m，最大全长30 cm。

213. 黑带锉鳞鲀

***Rhinecanthus rectangulus* (Bloch & Schneider，1801)**

【英文名】Wedge-tail triggerfish

【别　　名】斜带板机鲀、楔尾炮弹、剥皮竹、包仔、狄婆

【形态特征】体稍延长，呈长椭圆形，尾柄短。口端位，齿白，具缺刻。眼前无深沟。颊部被鳞；鳃裂后有大型骨质鳞片。背鳍2个，基底相接近，第一背鳍位于鳃孔上方，第一硬棘粗大，第二硬棘细长，第三硬棘极短，不明显，不露出棘基深沟。尾柄具4～5列小棘。体背部褐色，腹部白色；有一黑带从眼睛越过鳃裂到胸鳍基部，再向后偏折变宽至肛门及臀鳍基的前半部，此黑带上缘有金色线，金色线在体中央分叉延伸至第二背鳍基中央；眼间隔有一宽蓝带，上有3条细黑线；尾柄有三角形黑斑，前缘镶金线。第一背鳍色深，第二背鳍、臀鳍与胸鳍白色；尾鳍深色。

【分布范围】分布于印度洋—太平洋海域，西起红海、非洲东岸，东至马克萨斯群岛，北至日本南部，南至豪勋爵岛；在我国主要分布于南海及台湾海域。

【生态习性】主要栖息于浅礁区域。分布水深为10～20 m，最大全长30 cm。

214. 黄鳍多棘鳞鲀
Sufflamen chrysopterum (Bloch & Schneider，1801)

【英文名】Halfmoon triggerfish

【别　　名】咖啡炮弹、金鳍鼓气板机鲀、剥皮竹、包仔、达仔

【形态特征】体稍延长，呈长椭圆形，尾柄短。口端位，齿白，具缺刻。眼前有一深沟。颊部被鳞；鳃裂后有大型骨质鳞片。尾柄鳞片具小棘列，且向前延伸至身体中央、第一背鳍下方。背鳍2个，基底相接近，第一背鳍位于鳃孔上方，第一硬棘粗大，第二硬棘细长，第三硬棘明显；背鳍及臀鳍软条截平；尾鳍弧形。体褐色；喉部与腹部浅蓝色，颊部有一短白线。第一背鳍褐色；第二背鳍、臀鳍与胸鳍淡红而透明；尾鳍深棕色，后缘有一宽白带。

【分布范围】分布于印度洋—西太平洋海域，西起非洲东岸，东至萨摩亚，北至日本南部，南至豪勋爵岛；在我国主要分布于黄海、东海、南海及台湾海域。

【生态习性】主要栖息于浅潟湖区及向海礁区。分布水深为1～30 m，最大全长30 cm。

215. 黑副鳞鲀

Pseudobalistes fuscus (Bloch & Schneider，1801)

【英文名】Yellow-spotted triggerfish

【别　　名】黄点炮弹、黑副板机鲀、严鲀、包仔、狄婆

【形态特征】体稍延长，呈长椭圆形，尾柄短。口端位，齿白色，齿上缘皆具缺刻。眼前鼻孔下具一楔形深沟。吻前半部无鳞片，后半部覆有比体鳞小之鳞片；颊部具数条水平的浅沟；鳃裂后有大型骨质鳞片；尾柄无小棘列。背鳍2个，基底相接近，第一背鳍位于鳃孔上方，第一硬棘粗大，第二硬棘细长，第三硬棘明显，背鳍及臀鳍软条不为圆形，前部较后部高，向后渐低；尾鳍新月形，上下叶或延长。体色一致为深褐色；鳞片上有暗黄斑。各鳍深色，具黄边。

【分布范围】分布于印度洋—太平洋海域，西起红海、非洲东岸，东至社会群岛，北至日本南部，南至澳大利亚大堡礁及新喀里多尼亚；在我国主要分布于南海及台湾海域。

【生态习性】主要栖息于干净的浅潟湖区及向海礁区，有时被发现于沙地旁的礁岩区。分布水深为30～50 m，最大全长55 cm。

216. 波纹钩鳞鲀
Balistapus undulatus (Park，1797)

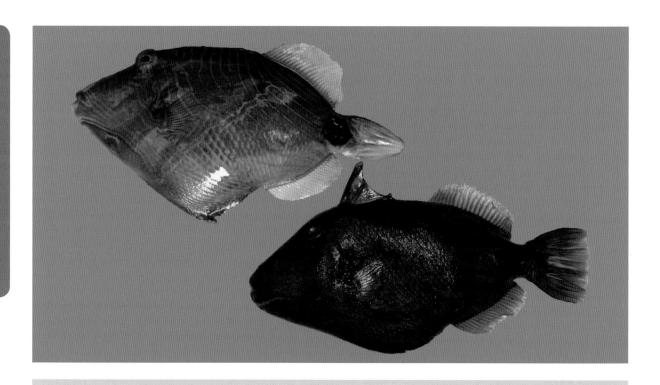

【英 文 名】Orange-lined triggerfish

【别 名】黄带炮弹、钩板机鲀、剥皮竹、包仔、狄

【形态特征】体稍延长，呈长椭圆形，尾柄短，宽高约等长，两侧各有6个极强大之前倾棘排成2列。口端位；上下颌齿为具缺刻之楔形齿，白色。眼中大，侧位而高，眼前无深沟。除口缘唇部无鳞外，全被大型骨质鳞片。背鳍2个，基底相接近，第一背鳍位于鳃孔上方，第一硬棘粗大，第二硬棘细长，第三硬棘较发达，超出棘基部深沟甚多；背鳍及臀鳍软条弧形；腹鳍棘短，扁形，上有粒状突起；胸鳍短圆形；尾鳍圆形。体深绿色或深褐色，具许多斜向后下方之橘黄线，幼鱼及雌鱼之吻部和体侧均有，但雄鱼吻部的弧线消失，体侧呈波浪纹。第一背鳍深绿色或深褐色；其他各鳍为橘色；尾柄有一大圆黑斑。

【分布范围】分布于印度洋—太平洋海域，西起红海、非洲东岸，东至土阿莫土群岛、马克萨斯群岛及莱恩群岛，北至日本南部，南至澳大利亚大堡礁及新喀里多尼亚；在我国主要分布于南海海域。

【生态习性】主要栖息于珊瑚繁生的较深潟湖区及向海礁区。分布水深为2～50 m，最大全长30 cm。

217. 黑边角鳞鲀

Melichthys vidua (Richardson, 1845)

【英 文 名】Pinktail triggerfish

【别　　名】粉红尾炮弹、角板机鲀、剥皮竹、包仔、红尾炮弹

【形态特征】体稍延长，呈长椭圆形，尾柄短。口端位，齿白色，无缺刻，至少最前齿为门牙状。眼前有一深沟。除口缘唇部无鳞外，全被骨质鳞片；颊部亦全被鳞；鳃裂后有大型骨质鳞片；尾柄鳞片无小棘列。背鳍2个，基底相接近，第一背鳍位于鳃孔上方，第一硬棘粗大，第二硬棘细长，第三硬棘极小，不明显；背鳍及臀鳍软条截平，前端较后端高，向后渐低；尾鳍截平。体深褐色或黑色；背鳍与臀鳍软条部白色，具黑边；尾鳍基部白色，后半部粉红色；胸鳍黄色。

【分布范围】分布于印度洋—太平洋海域，西起红海、非洲东岸，东至土阿莫土群岛及马克萨斯群岛，北至日本南部，南至澳大利亚大堡礁及新喀里多尼亚；在我国主要分布于西沙群岛及台湾海域。

【生态习性】主要栖息于向海礁区，通常在有洋流流经且珊瑚繁生的水域活动。分布水深为 4 ~ 60 m，最大全长 40 cm。

218. 褐拟鳞鲀

Balistoides viridescens (Bloch & Schneider，1801)

【英 文 名】Titan triggerfish

【别　　名】黄褐炮弹、剥皮鱼、褐拟板机鲀、剥皮竹、包仔、黄边炮弹、坦克炮弹

【形态特征】体稍延长，呈长椭圆形，尾柄短。口端位，齿白色，具缺刻。眼前有一深沟。除口缘唇部无鳞外，全被骨质鳞片；颊部几全被鳞，除口角后有一无鳞的水平皱褶；鳃裂后有大型骨质鳞片；尾柄鳞片具小棘列，向前延伸不越过背鳍软条后半部。背鳍2个，基底相接近，第一背鳍位于鳃孔上方，第一硬棘粗大，第二硬棘细长，第三硬棘明显，突出甚多；背鳍及臀鳍软条截平；尾鳍圆形。成鱼体蓝褐色，每一鳞片具一深蓝色斑点；有一深绿色带自眼间隔连接两眼，并向下延伸经鳃裂至胸鳍基部；颊部黄褐色；上唇与口角深绿色；背鳍棘膜具深绿色条纹与斑点；第二背鳍、臀鳍与尾鳍黄褐色，鳍缘有一深绿色宽带；胸鳍黄褐色。

【分布范围】分布于印度洋—太平洋海域，西起非洲东岸，东至土阿莫土群岛，北至日本南部，南至澳大利亚大堡礁及新喀里多尼亚；在我国主要分布于南海及台湾海域。

【生态习性】主要栖息于珊瑚繁生的潟湖区及向海礁区，通常独自或成对在礁区斜坡上的水层活动，幼鱼则生活于礁沙混合区的独立礁缘或珊瑚枝头处。分布水深为 1 ～ 50 m，最大全长 75 cm。

219. 拟鳞鲀属未定种

***Balistoides* sp.**

220. 横带扁背鲀
***Canthigaster valentini* (Bleeker，1853)**

【英 文 名】Valentin's sharpnose puffer

【别　　名】日本婆河鲀、尖嘴规、规仔、日本婆规、刺规

【形态特征】体卵圆形，侧扁而高，眼后枕骨区突出，尾柄短而高。体侧下缘平坦，无纵行皮褶，腹部中央自口部下方至肛门前方有一棱褶。吻较长而尖；鼻孔单一，不甚明显。背鳍近似圆刀形，位于体后部，具软条9；臀鳍与其同形，具软条9；无腹鳍；胸鳍宽短，上方鳍条较长，近呈方形，下方后缘稍圆形；尾鳍宽大，呈圆弧形。体上半部白色至淡黄色，下半部白色；体具与角尖鼻鲀 (*C. coronata*) 略同之4条垂直黑棕色带，但本种中间2条向下延伸至腹部，超越胸鳍基甚多；眼四周有极不明显的放射状细蓝纹；体侧具许多大小不一之黄褐色椭圆形或圆形斑。除尾鳍淡黄色外，余鳍基底黄色，鳍淡色。

【分布范围】分布于印度洋—太平洋海域，西起红海、非洲东岸，东至土阿莫土群岛，北至日本南部，南至豪勋爵岛；在我国主要分布于南海海域。

【生态习性】暖水性小型鱼类，主要栖息于珊瑚礁及岩礁等浅水静水域。分布水深为1 ~ 55 m，最大全长 11 cm。

参考文献 REFERENCES

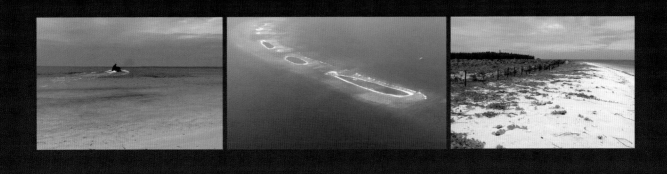

陈大刚，张美昭，2015．中国海洋鱼类 [M]．青岛：中国海洋大学出版社．

傅亮，2014．中国南海西南中沙群岛珊瑚礁鱼类图谱 [M]．北京：中信出版社．

邵广昭，2022．台湾鱼类资料库 网络电子版 [DB/OL]．[2022-06-21]．http://fishdb.sinica.edu.tw．

Froese R，Pauly D，2022．FishBase[DB/OL]．Version 2022-02．[2022-06-21]．http://www.fishbase.org．

The Biodiversity Committee of Chinese Academy of Sciences，2020．Catalogue of Life China: 2020 Annual Checklist[DB]．Beijing．

附 录 APPENDIX

七连屿珊瑚礁海域鱼类名录

科名	中文名	学名	食性类型	最大全长(cm)	栖息水深(m)	生物量
	静拟花鮨	*Pseudanthias tuka*	肉食性	12.00	2～40	–
	白边侧牙鲈	*Variola albimarginata*	肉食性	65.00	4～200	＋＋
	侧牙鲈	*Variola louti*	肉食性	83.00	3～300	＋＋
	斑点九棘鲈	*Cephalopholis argus*	肉食性	60.00	1～40	＋＋＋
	尾纹九棘鲈	*Cephalopholis urodeta*	肉食性	28.00	1～60	＋＋＋
	六斑九棘鲈	*Cephalopholis sexmaculata*	肉食性	50.00	6～150	＋
	青星九棘鲈	*Cephalopholis miniata*	肉食性	50.00	2～150	＋
	蜂巢石斑鱼	*Epinephelus merra*	肉食性	32.00	0～50	＋＋＋
鮨科Serranidae	六角石斑鱼	*Epinephelus hexagonatus*	肉食性	27.50	0～30	＋＋
	巨石斑鱼	*Epinephelus tauvina*	肉食性	100.00	1～300	＋
	花点石斑鱼	*Epinephelus maculatus*	肉食性	65.00	2～100	＋
	横条石斑鱼	*Epinephelus fasciatus*	肉食性	40.00	4～160	＋＋
	棕点石斑鱼	*Epinephelus fuscoguttatus*	肉食性	120.00	1～60	–
	吻斑石斑鱼	*Epinephelus spilotoceps*	肉食性	35.00	0～30	＋
	鞍带石斑鱼	*Epinephelus lanceolatus*	肉食性	270.00	1～200	＋
	黑鞍鳃棘鲈	*Plectropomus laevis*	肉食性	125.00	4～100	＋
	红嘴烟鲈	*Aethaloperca rogaa*	肉食性	60.00	3～60	＋＋
鱿科Kyphosidae	低鳍鱿	*Kyphosus vaigiensis*	植食性	70	0～40	＋＋
	长鳍鱿	*Kyphosus cinerascens*	植食性	60.00	1～45	＋＋
银鲈科Gerreidae	奥奈银鲈	*Gerres oyena*	肉食性	30.00	0～20	＋
	长圆银鲈	*Gerres oblongus*	肉食性	30.00	0～50	＋
羊鱼科Mullidae	三带副绯鲤	*Parupeneus trifasciatus*	肉食性	35.00	1～80	＋＋＋

科名	中文名	学名	食性类型	最大全长(cm)	栖息水深(m)	生物量
羊鱼科Mullidae	条斑副鲱鲤	*Parupeneus barberinus*	肉食性	60.00	1～100	＋＋＋
	黑斑副鲱鲤	*Parupeneus pleurostigma*	肉食性	33.00	1～120	＋＋＋
	多带副绯鲤	*Parupeneus multifasciatus*	肉食性	35.00	3～161	＋＋＋
	圆口副绯鲤	*Parupeneus cyclostomus*	肉食性	50.00	2～125	＋＋＋
	印度副绯鲤	*Parupeneus indicus*	肉食性	45.00	10～30	＋＋
	短须副绯鲤	*Parupeneus ciliatus*	肉食性	38.00	2～91	＋
	无斑拟羊鱼	*Mulloidichthys vanicolensis*	肉食性	38.00	1～113	＋＋＋
	黄带拟羊鱼	*Mulloidichthys flavolineatus*	肉食性	43.00	1～76	＋＋
	马六甲绯鲤	*Upeneus moluccensis*	肉食性	22.50	10～120	＋
汤鲤科Kuhliidae	鲻形汤鲤	*Kuhlia mugil*	肉食性	48.00	3～18	－
篮子鱼科Siganidae	凹吻篮子鱼	*Siganus corallinus*	植食性	43.80	3～30	＋＋
	褐篮子鱼	*Siganus fuscescens*	植食性	40.00	1～50	－
	眼带篮子鱼	*Siganus puellus*	植食性	38.00	2～30	＋＋＋
	黑身篮子鱼	*Siganus punctatissimus*	植食性	43.59	12～30	＋＋＋
	狐篮子鱼	*Siganus vulpinus*	植食性	29.48	1～30	＋
	银色篮子鱼	*Siganus argenteus*	植食性	40.00	0～40	＋＋＋
	斑篮子鱼	*Siganus punctata*	植食性	40.00	1～40	＋＋
	蠕纹篮子鱼	*Siganus vermiculatus*	植食性	45.00	0～20	＋
	篮子鱼属未定种	*Siganus* sp.	植食性			＋
金线鱼科 Nemipteridae	线纹眶棘鲈	*Scolopsis lineata*	肉食性	25.00	1～20	＋＋＋
	双线眶棘鲈	*Scolopsis bilineata*	肉食性	25.00	1～25	＋
	乌面眶棘鲈	*Scolopsis affinis*	肉食性	24.00	3～60	＋
	单带眶棘鲈	*Scolopsis monogramma*	肉食性	38.00	2～50	＋
笛鲷科Lutjanidae	斑点羽鳃笛鲷	*Macolor macularis*	肉食性	60.00	3～90	＋
	黑背羽鳃笛鲷	*Macolor niger*	肉食性	75.00	2～90	＋
	紫红笛鲷	*Lutjanus argentimaculatus*	肉食性	150.00	1～120	＋
	白斑笛鲷	*Lutjanus bohar*	肉食性	90.00	4～180	＋
	隆背笛鲷	*Lutjanus gibbus*	肉食性	50.00	1～150	＋＋
	四线笛鲷	*Lutjanus kasmira*	肉食性	40.00	3～325	＋
	焦黄笛鲷	*Lutjanus fulvus*	肉食性	40.00	1～75	＋
	金焰笛鲷	*Lutjanus fulviflamma*	肉食性	35.00	3～35	－
	单斑笛鲷	*Lutjanus monostigma*	肉食性	60.00	1～60	＋
	蓝短鳍笛鲷	*Aprion virescens*	肉食性	112.00	0～180	＋
	叉尾鲷	*Aphareus furca*	肉食性	70.00	1～122	＋
	黄背若梅鲷	*Paracaesio xanthura*	肉食性	50.00	5～250	＋
乌尾鲛科Caesionidae	褐梅鲷	*Caesio caerulaurea*	肉食性	35.00	1～50	＋
	新月梅鲷	*Caesio lunaris*	肉食性	40.00	0～50	－

科名	中文名	学名	食性类型	最大全长(cm)	栖息水深(m)	生物量
乌尾鮗科Caesionidae	黑带鳞鳍梅鲷	*Pterocaesio tile*	肉食性	30.00	1～60	＋＋＋
	双带鳞鳍梅鲷	*Pterocaesio digramma*	肉食性	30.00	0～50	－
仿石鲈科Haemulidae	斑胡椒鲷	*Plectorhinchus chaetodonoides*	肉食性	72.00	1～30	＋＋
	条斑胡椒鲷	*Plectorhinchus vittatus*	肉食性	80.63	2～25	＋＋
	黄点胡椒鲷	*Plectorhinchus flavomaculatus*	肉食性	60.00	2～25	＋
	双带胡椒鲷	*Plectorhinchus diagrammus*	肉食性	40.00		＋
	条纹胡椒鲷	*Plectorhinchus lineatus*	肉食性	72.00	1～35	＋＋
大眼鲷科Priacanthidae	金目大眼鲷	*Priacanthus hamrus*	肉食性	45.00	8～250	＋＋
	灰鳍异大眼鲷	*Heteropriacanthus cruentatus*	肉食性	50.70	3～300	＋＋
裸颊鲷科Lethrinidae	扁裸颊鲷	*Lethrinus lentjan*	肉食性	52.00	10～90	＋
	小牙裸颊鲷	*Lethrinus microdon*	肉食性	80.00	10～80	＋＋
	橘带裸颊鲷	*Lethrinus obsoletus*	肉食性	60.00	?～30	＋＋＋
	阿氏裸颊鲷	*Lethrinus atkinsoni*	肉食性	50.00	2～30	＋
	杂色裸颊鲷	*Lethrinus variegatus*	肉食性	20.00	1～150	＋
	赤鳍裸颊鲷	*Lethrinus erythropterus*	肉食性	50.00	2～25	＋＋＋
	红棘裸颊鲷	*Lethrinus erythracanthus*	肉食性	70.00	15～120	＋
	红裸颊鲷	*Lethrinus rubrioperculatus*	肉食性	50.00	10～198	＋
	红鳍裸颊鲷	*Lethrinus haematopterus*	肉食性	45.00		＋＋
	黄唇裸颊鲷	*Lethrinus xanthochilus*	肉食性	74.79	5～150	＋＋＋
	短吻裸颊鲷	*Lethrinus ornatus*	肉食性	45.00	5～30	＋＋＋
	裸颊鲷未定种		肉食性			＋
	尖吻裸颊鲷	*Lethrinus olivaceus*	肉食性	100.00	1～185	＋
	单列齿鲷	*Monotaxis grandoculis*	肉食性	60.00	1～100	＋
	金带齿颌鲷	*Gnathodentex aureolineatus*	肉食性	30.00	3～30	＋＋＋
镰鱼科Zanclidae	角镰鱼	*Zanclus cornutus*	植食性	23.00	3～182	＋＋＋
蝴蝶鱼科Chaetodontidae	鞭蝴蝶鱼	*Chaetodon ephippium*	杂食性	30.00	0～30	＋＋＋
	叉纹蝴蝶鱼	*Chaetodon auripes*	杂食性	20.00	1～30	＋＋＋
	黑背蝴蝶鱼	*Chaetodon melannotus*	杂食性	18.00	2～20	＋＋＋
	三带蝴蝶鱼	*Chaetodon trifasciatus*	杂食性	15.00	?～30	＋＋＋
	格纹蝴蝶鱼	*Chaetodon rafflesii*	杂食性	18.00	1～15	＋＋＋
	丝蝴蝶鱼	*Chaetodon auriga*	杂食性	23.00	1～60	＋＋＋
	黄蝴蝶鱼	*Chaetodon xanthurus*	杂食性	15.65	6～50	＋＋
	细纹蝴蝶鱼	*Chaetodon lineolatus*	杂食性	30.00	2～171	＋＋＋
	镜斑蝴蝶鱼	*Chaetodon speculum*	杂食性	18.00	3～30	＋
	丽蝴蝶鱼	*Chaetodon wiebeli*	杂食性	19.00	4～25	＋＋
	单斑蝴蝶鱼	*Chaetodon unimaculatus*	杂食性	20.00	1～60	＋
	三纹蝴蝶鱼	*Chaetodon trifascialis*	杂食性	18.00	2～30	＋＋

科名	中文名	学名	食性类型	最大全长(cm)	栖息水深(m)	生物量
蝴蝶鱼科Chaetodontidae	新月蝴蝶鱼	*Chaetodon lunula*	杂食性	20.00	0~170	＋＋＋
	马达加斯加蝴蝶鱼	*Chaetodon madagaskariensis*	杂食性	13.00	10~120	＋＋
	斜纹蝴蝶鱼	*Chaetodon vagabundus*	杂食性	23.00	5~30	＋＋
	华丽蝴蝶鱼	*Chaetodon ornatissimus*	杂食性	20.00	1~36	＋＋
	乌利蝴蝶鱼	*Chaetodon ulietensis*	杂食性	15.00	2~30	＋＋
	纹带蝴蝶鱼	*Chaetodon falcula*	杂食性	20.00	1~15	＋
	密点蝴蝶鱼	*Chaetodon citrinellus*	杂食性	13.00	1~36	－
	双丝蝴蝶鱼	*Chaetodon bennetti*	杂食性	20.00	1~30	－
	弓月蝴蝶鱼	*Chaetodon lunulatus*	杂食性	14.00	3~30	－
	珠蝴蝶鱼	*Chaetodon kleinii*	杂食性	15.00	4~61	＋
	黄镊口鱼	*Forcipiger flavissimus*	杂食性	22.00	2~145	＋＋＋
	多鳞霞蝶鱼	*Hemitaurichthys polylepis*	杂食性	18.00	3~60	＋
	金口马夫鱼	*Heniochus chrysostomus*	杂食性	18.00	2~40	＋＋＋
	四带马夫鱼	*Heniochus singularius*	杂食性	30.00	2~250	＋
	白带马夫鱼	*Heniochus varius*	杂食性	19.00	2~30	－
	马夫鱼	*Heniochus acuminatus*	杂食性	25.00	2~178	－
隆头鱼科Labridae	三叶唇鱼	*Cheilinus trilobatus*	肉食性	45.00	1~30	＋＋＋
	横带唇鱼	*Cheilinus fasciatus*	肉食性	48.20	4~60	＋
	波纹唇鱼	*Cheilinus undulatus*	肉食性	270.22	1~100	
	单带尖唇鱼	*Oxycheilinus unifasciatus*	肉食性	46.00	1~160	＋＋＋
	双线尖唇鱼	*Oxycheilinus digramma*	肉食性	46.35	3~60	＋
	黑鳍厚唇鱼	*Hemigymnus melapterus*	肉食性	43.25	1~30	＋＋＋
	横带厚唇鱼	*Hemigymnus fasciatus*	肉食性	30.00	1~25	＋＋
	双带普提鱼	*Bodianus bilunulatus*	肉食性	55.00	3~160	＋＋
	腋斑普提鱼	*Bodianus axillaris*	肉食性	25.30	2~100	－
	三斑海猪鱼	*Halichoeres trimaculatus*	肉食性	27.00	2~30	＋＋＋
	格纹海猪鱼	*Halichoeres hortulanus*	肉食性	27.00	1~30	＋
	缘鳍海猪鱼	*Halichoeres marginatus*	肉食性	18.00	0~30	＋
	黑斑项鳍鱼	*Iniistius melanopus*	肉食性	26.00	?~64	＋
	断带紫胸鱼	*Stethojulis interrupta*	肉食性	13.00	?~18	＋
	伸口鱼	*Epibulus insidiator*	肉食性	68.53	1~42	＋＋＋
	杂色尖嘴鱼	*Gomphosus varius*	肉食性	30	1~35	＋＋
	紫锦鱼	*Thalassoma purpureum*	肉食性	46.00	0~10	＋
	纵纹锦鱼	*Thalassoma quinquevittatum*	肉食性	17.00	0~40	＋
	鞍斑锦鱼	*Thalassoma hardwicke*	肉食性	20.00	1~15	＋
	露珠盔鱼	*Coris gaimard*	肉食性	40.00	1~50	＋
	带尾美鳍鱼	*Novaculichthys taeniourus*	肉食性	30.00	3~25	＋
	裂唇鱼	*Labroides dimidiatus*	肉食性	14.00	1~40	＋
	珠斑大咽齿鱼	*Macropharyngodon meleagris*	肉食性	18.23	0~30	＋

科名	中文名	学名	食性类型	最大全长(cm)	栖息水深(m)	生物量
肥足腾科Pinguipedidae	六睛拟鲈	*Parapercis hexophtalma*	肉食性	29.00	2~25	+
	太平洋拟鲈	*Parapercis pacifica*	肉食性	18.60	0~6	+++
	圆拟鲈	*Parapercis cylindrica*	肉食性	23.00	1~20	++
天竺鲷科Apogonidae	黑带鹦天竺鲷	*Ostorhinchus nigrofasciatus*	肉食性	10.00	3~50	+
	九线鹦天竺鲷	*Ostorhinchus novemfasciatus*	肉食性	10.00	1~4	+
	条腹鹦天竺鲷	*Ostorhinchus thermalis*	肉食性	8.50	0~20	+
	巨牙天竺鲷	*Cheilodipterus macrodon*	肉食性	25.00	0~40	+
	五带巨牙天竺鲷	*Cheilodipterus quinquelineatus*	肉食性	13.00	0~40	+
	黑边天竺鲷	*Apogon ellioti*	肉食性	16.00	18~106	+
	丽鳍棘眼天竺鲷	*Pristiapogon kallopterus*	肉食性	15.50	3~158	+
	褐色圣天竺鲷	*Nectamia fusca*	肉食性	11.20	1~20	+
	三斑天竺鲷	*Pristicon trimaculatus*	肉食性	18.32	1~35	+
雀鲷科Pomacentridae	白条双锯鱼	*Amphiprion frenatus*	杂食性	14.00	1~12	+
	克氏双锯鱼	*Amphiprion clarkii*	杂食性	19.56	1~60	++
	五带豆娘鱼	*Abudefduf vaigiensis*	杂食性	20.00	1~15	+++
	六带豆娘鱼	*Abudefduf sexfasciatus*	杂食性	19.00	1~20	+
	七带豆娘鱼	*Abudefduf septemfasciatus*	杂食性	23.00	0~3	+
	宅泥鱼	*Dascyllus aruanus*	杂食性	10.00	0~20	+++
	三斑宅泥鱼	*Dascyllus trimaculatus*	杂食性	14.00	1~55	+
	库拉索凹牙豆娘鱼	*Amblyglyphidodon curacao*	杂食性	11.00	1~40	++
	双斑金翅雀鲷	*Chrysiptera biocellata*	杂食性	12.50	0~5	++
	黑背盘雀鲷	*Dischistodus prosopotaenia*	杂食性	18.50	1~12	++
	黑斑盘雀鲷	*Dischistodus melanotus*	杂食性	16.00	1~12	+
	显盘雀鲷	*Dischistodus perspicillatus*	杂食性	18.00	1~10	+
	摩鹿加雀鲷	*Pomacentrus moluccensis*	杂食性	9.00	1~14	++
	安汶雀鲷	*Pomacentrus amboinensis*	杂食性	9.00	2~40	+
	菲律宾雀鲷	*Pomacentrus philippinus*	杂食性	10.00	1~12	++
	三斑雀鲷	*Pomacentrus tripunctatus*	杂食性	9.38	0~3	−
	王子雀鲷	*Pomacentrus vaiuli*	杂食性	10.00	1~45	+
	班卡雀鲷	*Pomacentrus bankanensis*	杂食性	9.00	0~32	+
	霓虹雀鲷	*Pomacentrus coelestis*	杂食性	9.00	1~20	+
	黑鳍雀鲷	*Pomacentrus brachialis*	杂食性	9.43	6~40	−
	黑新箭齿雀鲷	*Neoglyphidodon melas*	杂食性	18.00	1~12	+
	白带眶锯雀鲷	*Stegastes albifasciatus*	杂食性	13.00	0~4	−
	长吻眶锯雀鲷	*Stegastes lividus*	杂食性	11.00	0~5	+
	胸斑眶锯雀鲷	*Stegastes fasciolatus*	杂食性	16.50	1~30	+
	黑眶锯雀鲷	*Stegastes nigricans*	杂食性	14.00	1~12	−

科名	中文名	学名	食性类型	最大全长 (cm)	栖息水深 (m)	生物量
雀鲷科Pomacentridae	眼斑椒雀鲷	*Plectroglyphidodon lacrymatus*	杂食性	10.00	1～40	＋
	白带椒雀鲷	*Plectroglyphidodon leucozonus*	杂食性	12.00	0～6	＋
	李氏波光鳃鱼	*Pomachromis richardsoni*	杂食性	7.30	5～25	－
	蓝绿光鳃鱼	*Chromis viridis*	杂食性	10.00	1～20	＋
	尾斑光鳃鱼	*Chromis notata*	杂食性	17.00	2～15	－
	黄尾光鳃鱼	*Chromis xanthura*	杂食性	17.00	3～40	－
	密鳃鱼	*Hemiglyphidodon plagiometopon*	杂食性	18.00	1～20	＋
拟雀鲷科Pseudochromidae	圆眼戴氏鱼	*Labracinus cyclophthalmus*	肉食性	23.50	2～20	－
刺尾鱼科Acanthuridae	纵带刺尾鱼	*Acanthurus lineatus*	植食性	38.00	0～15	＋＋＋
	日本刺尾鱼	*Acanthurus japonicus*	植食性	21.00	1～20	＋＋＋
	横带刺尾鱼	*Acanthurus triostegus*	植食性	27.00	0～90	＋＋＋
	黄鳍刺尾鱼	*Acanthurus xanthopterus*	植食性	70.00	1～100	＋＋
	额带刺尾鱼	*Acanthurus dussumieri*	植食性	54.00	4～131	＋
	橙斑刺尾鱼	*Acanthurus olivaceus*	植食性	35.00	3～46	＋＋
	黑尾刺尾鱼	*Acanthurus nigricauda*	植食性	40.00	1～30	＋
	黑鳃刺尾鱼	*Acanthurus pyroferus*	植食性	29.00	4～60	＋
	黄尾刺尾鱼	*Acanthurus thompsoni*	植食性	27.00	4～119	－
	短吻鼻鱼	*Naso brevirostris*	植食性	60.00	2～122	＋
	突角鼻鱼	*Naso annulatus*	植食性	100.00	1～60	＋＋
	单角鼻鱼	*Naso unicornis*	植食性	73.64	1～180	＋＋＋
	丝尾鼻鱼	*Naso vlamingii*	植食性	60.00	1～50	＋＋
	拟鲔鼻鱼	*Naso thynnoides*	植食性	42.76	2～40	＋＋
	颊吻鼻鱼	*Naso lituratus*	植食性	59.98	0～90	＋＋＋
	六棘鼻鱼	*Naso hexacanthus*	植食性	79.20	6～150	＋＋＋
	小高鳍刺尾鱼	*Zebrasoma scopas*	植食性	48.72	1～60	＋＋＋
	横带高鳍刺尾鱼	*Zebrasoma velifer*	植食性	47.64	1～45	＋＋＋
	黄高鳍刺尾鱼	*Zebrasoma flavescens*	植食性	20.00	2～46	＋
	双斑栉齿刺尾鱼	*Ctenochaetus binotatus*	植食性	22.00	8～53	＋＋＋
	栉齿刺尾鱼	*Ctenochaetus striatus*	植食性	26.00	1～35	＋＋＋
鹦嘴鱼科Scaridae	刺鹦嘴鱼	*Scarus spinus*	植食性	30.00	2～25	＋＋
	绿唇鹦嘴鱼	*Scarus forsteni*	植食性	55.00	3～30	＋＋＋
	黄鞍鹦嘴鱼	*Scarus oviceps*	植食性	35.00	1～20	＋＋
	弧带鹦嘴鱼	*Scarus dimidiatus*	植食性	40.00	1～25	＋＋
	截尾鹦嘴鱼	*Scarus rivulatus*	植食性	45.98	1～30	＋＋＋
	青点鹦嘴鱼	*Scarus ghobban*	植食性	75.00	1～90	＋＋＋
	钝头鹦嘴鱼	*Scarus rubroviolaceus*	植食性	70.00	1～36	＋＋
	黑鹦嘴鱼	*Scarus niger*	植食性	40.00	0～20	＋＋＋

科名	中文名	学名	食性类型	最大全长 (cm)	栖息水深 (m)	生物量
鹦嘴鱼科Scaridae	许氏鹦嘴鱼	*Scarus schlegeli*	植食性	40.00	1～50	＋＋＋
	蓝臀鹦嘴鱼	*Scarus chameleon*	植食性	45.00	1～30	＋
	黑斑鹦嘴鱼	*Scarus globiceps*	植食性	45.00	1～30	＋＋＋
	绿颌鹦嘴鱼	*Scarus prasiognathos*	植食性	70.00	1～25	＋
	瓜氏鹦嘴鱼	*Scarus quoyi*	植食性	40.00	2～18	＋
	网纹鹦嘴鱼	*Scarus frenatus*	植食性	47.00	1～25	＋
	棕吻鹦嘴鱼	*Scarus psittacus*	植食性	34.00	2～25	＋＋＋
	横带鹦嘴鱼	*Scarus scaber*	植食性	37.00	1～20	－
	日本绿鹦嘴鱼	*Chlorurus japanensis*	植食性	31.00	1～20	＋
	小鼻绿鹦嘴鱼	*Chlorurus microrhinos*	植食性	70.00	1～50	＋
	蓝头绿鹦嘴鱼	*Chlorurus sordidus*	植食性	40.00	0～50	＋＋＋
	长头马鹦嘴鱼	*Hipposcarus longiceps*	植食性	60.00	2～40	＋＋＋
	驼峰大鹦嘴鱼	*Bolbometopon muricatum*	植食性	130.00	1～40	＋
	双色鲸鹦嘴鱼	*Cetoscarus bicolor*	植食性	59.10	1～30	＋
	星眼绚鹦嘴鱼	*Calotomus carolinus*	植食性	54.00	1～71	＋＋
	日本绚鹦嘴鱼	*Calotomus japonicus*	植食性	39.00		＋
鲐科Cirrhitidae	翼鲐	*Cirrhitus pinnulatus*	肉食性	30.00	0～23	＋＋＋
	副鲐	*Paracirrhites arcatus*	肉食性	20.00	1～91	＋
	雀斑副鲐	*Paracirrhites forsteri*	肉食性	22.00	1～35	＋
鯻科Terapontidae	鯻	*Terapon theraps*	肉食性	36.14	?～10	＋
鲭科Scombridae	鲔	*Euthynnus affinis*	肉食性	106.80	0～200	＋
盖刺鱼科Pomacanthidae	半环刺盖鱼	*Pomacanthus semicirculatus*	杂食性	48.37	1～40	＋
	主刺盖鱼	*Pomacanthus imperator*	杂食性	45.35	1～100	＋＋＋
	三点阿波鱼	*Apolemichthys trimaculatus*	杂食性	26.00	3～60	＋＋＋
	海氏刺尻鱼	*Centropyge heraldi*	杂食性	12.00	5～90	＋
	双棘刺尻鱼	*Centropyge bispinosa*	杂食性	10.00	3～60	＋
	福氏刺尻鱼	*Centropyge vrolikii*	杂食性	12.00	1～25	＋
	双棘甲尻鱼	*Pygoplites diacanthus*	杂食性	30.75	0～80	＋＋
鲹科Carangidae	六带鲹	*Caranx sexfasciatus*	肉食性	120.00	0～146	＋
	黑尻鲹	*Caranx melampygus*	肉食性	126.83	0～190	＋
	平线若鲹	*Carangoides ferdau*	肉食性	70.00	1～60	＋
	纺锤鰤	*Elagatis bipinnulata*	肉食性	180.00	0～150	＋
魣科Sphyraenidae	大眼魣	*Sphyraena forsteri*	肉食性	75.00	6～300	＋＋
鰕虎鱼科Gobiidae	五带叶鰕虎	*Gobiodon quinquestrigatus*	杂食性	4.50	0～70	＋
	丝棘栉眼鰕虎	*Ctenogobiops feroculus*	杂食性	8.64	1～20	＋
	黑点鹦鰕虎鱼	*Exyrias belissimus*	植食性	20.54	1～30	＋
䲟科Echeneidae	䲟	*Echeneis naucrates*	肉食性	110.00	1～85	＋

科名	中文名	学名	食性类型	最大全长(cm)	栖息水深(m)	生物量
鳚科Blenniidae	短豹鳚	*Exallias brevis*	杂食性	14.50	3～20	＋＋
	细纹凤鳚	*Salarias fasciatus*	杂食性	14.00	0～8	＋
	纵带盾齿鳚	*Aspidontus taeniatus*	杂食性	11.50	1～25	＋
	暗纹动齿鳚	*Istiblennius edentulus*	杂食性	16.00	0～5	＋
	条纹动齿鳚	*Istiblennius lineatus*	杂食性	15.00	0～3	＋
鲆科Bothidae	凹吻鲆	*Bothus mancus*	肉食性	51.00	3～150	＋
	繁星鲆	*Bothus myriaster*	肉食性	27.00	10～155	＋
鳂科Holocentridae	尖吻棘鳞鱼	*Sargocentron spiniferum*	肉食性	53.80	1～122	＋＋＋
	尾斑棘鳞鱼	*Sargocentron caudimaculatum*	肉食性	25.00	2～40	＋＋＋
	点带棘鳞鱼	*Sargocentron rubrum*	肉食性	32.00	1～80	＋
	黑鳍棘鳞鱼	*Sargocentron diadema*	肉食性	17.00	1～90	＋
	剑棘鳞鱼	*Sargocentron ensifer*	肉食性	26.96	0～60	－
	小口棘鳞鱼	*Sargocentron microstoma*	肉食性	20.00	1～183	－
	白边棘鳞鱼	*Sargocentron violaceum*	肉食性	45.00	1～30	＋
	黑点棘鳞鱼	*Sargocentron melanospilos*	肉食性	25.00	5～90	＋
	黑鳍新东洋鳂	*Neoniphon opercularis*	肉食性	35.00	3～25	＋＋＋
	莎姆新东洋鳂	*Neoniphon sammara*	肉食性	32.00	0～46	＋＋＋
	白边锯鳞鱼	*Myripristis murdjan*	肉食性	60.00	1～50	＋＋＋
	康德锯鳞鱼	*Myripristis kuntee*	肉食性	26.00	0～65	＋＋
	无斑锯鳞鱼	*Myripristis vittata*	肉食性	25.00	3～80	＋
	红锯鳞鱼	*Myripristis pralinia*	肉食性	20.00	8～50	－
	紫红锯鳞鱼	*Myripristis violacea*	肉食性	35.00	3～30	－
鲻科Mugilidae	大鳞龟鲹	*Chelon macrolepis*	植食性	66.39	10～?	＋
	角瘤唇鲻	*Oedalechilus labiosus*	杂食性	46.84	0～3	＋
鲀科Tetraodontidae	白点叉鼻鲀	*Arothron meleagris*	杂食性	50.00	1～73	－
	纹腹叉鼻鲀	*Arothron hispidus*	杂食性	50.00	1～50	＋
	星斑叉鼻鲀	*Arothron stellatus*	杂食性	120.00	3～58	＋
	横带扁背鲀	*Canthigaster valentini*	植食性	11.00	1～55	＋
鳞鲀科Balistidae	叉斑锉鳞鲀	*Rhinecanthus aculeatus*	杂食性	30.00	0～50	＋＋＋
	黑带锉鳞鲀	*Rhinecanthus rectangulus*	杂食性	30.00	10～20	＋
	波纹钩鳞鲀	*Balistapus undulatus*	杂食性	30.00	2～50	＋
	黑边角鳞鲀	*Melichthys vidua*	杂食性	40.00	4～60	＋
	黑副鳞鲀	*Pseudobalistes fuscus*	杂食性	55.00	30～50	＋
	褐拟鳞鲀	*Balistoides viridescens*	杂食性	75.00	1～50	＋＋
	黄鳍多棘鳞鲀	*Sufflamen chrysopterum*	杂食性	30.00	1～30	＋
	疣鳞鲀	*Canthidermis maculata*	杂食性	50.00	1～110	＋
	拟鳞鲀属未定种	*Balistoides* sp.	杂食性			＋

科名	中文名	学名	食性类型	最大全长(cm)	栖息水深(m)	生物量
刺鲀科Diodontidae	密斑刺鲀	*Diodon hystrix*	肉食性	91.00	2～50	＋＋＋
	大斑刺鲀	*Diodon liturosus*	肉食性	65.00	1～90	＋＋＋
	网纹短刺鲀	*Chilomycterus reticulatus*	肉食性	69.70	20～100	＋
单角鲀科Monacanthidae	黑头前角鲀	*Pervagor melanocephalus*	杂食性	16.00	20～40	－
	棘尾前孔鲀	*Cantherhines dumerilii*	杂食性	38.00	6～70	＋＋＋
	细斑前孔鲀	*Cantherhines pardalis*	杂食性	25.00	2～20	＋
	拟态革鲀	*Aluterus scriptus*	植食性	110.00	3～120	＋＋
鲉科Scorpaenidae	玫瑰毒鲉	*Synanceia verrucosa*	肉食性	40.00	0～30	＋＋＋
	须拟鲉	*Scorpaenopsis cirrosa*	肉食性	23.10	3～91	＋
鲬科Platycephalidae	窄眶缝鲬	*Thysanophrys chiltonae*	肉食性	25.00	0～100	＋
海鳝科Muraenidae	白缘裸胸鳝	*Gymnothorax albimarginatus*	肉食性	105.00	6～180	＋＋
	波纹裸胸鳝	*Gymnothorax undulatus*	肉食性	150.00	1～110	＋＋＋
	爪哇裸胸鳝	*Gymnothorax javanicus*	肉食性	300.00	0～50	＋＋＋
	蠕纹裸胸鳝	*Gymnothorax kidako*	肉食性	93.08	2～350	＋
	细斑裸胸鳝	*Gymnothorax fimbriatus*	肉食性	80.00	7～50	＋
	密点裸胸鳝	*Gymnothorax thyrsoideus*	肉食性	66.00	0～30	＋＋
	鞍斑裸胸鳝	*Gymnothorax rueppelliae*	肉食性	80.00	1～40	＋
	斑点裸胸鳝	*Gymnothorax meleagris*	肉食性	120.00	1～51	＋
	花斑裸胸鳝	*Gymnothorax pictus*	肉食性	140.00	5～100	＋
	豆点裸胸鳝	*Gymnothorax favagineus*	肉食性	300.00	1～50	＋
	条纹裸海鳝	*Gymnothorax zebra*	肉食性	150.00	3～50	－
康吉鳗科Congridae	尖尾鳗	*Uroconger lepturus*	肉食性	52.00	18～760	＋
	康吉鳗属未定种	*Conger* sp.	肉食性			＋＋
狗母鱼科Synodontidae	云纹蛇鲻	*Saurida nebulosa*	肉食性	17.24	0～100	＋＋
颌针鱼科Belonidae	无斑柱颌针鱼	*Strongylura leiura*	肉食性	100.00	0～3	＋
	琉球柱颌针鱼	*Strongylura incisa*	肉食性	106.59	0～3	＋＋
	黑背圆颌针鱼	*Tylosurus acus melanotus*	肉食性	100.00	0～1	＋
	鳄形圆颌针鱼	*Tylosurus crocodilus*	肉食性	150.00	0～13	＋
	东非宽尾颌针鱼	*Platybelone argalus platyura*	肉食性	45.00	0～2	－
管口鱼科Aulostomidae	中华管口鱼	*Aulostomus chinensis*	肉食性	80.00	3～122	＋＋＋
玻甲鱼科Centriscidae	玻甲鱼	*Centriscus scutatus*	杂食性	15.00	2～100	－
海龙科Syngnathidae	史氏冠海龙	*Corythoichthys schultzi*	肉食性	16.00	2～30	＋＋
烟管鱼科Fistulariidae	鳞烟管鱼	*Fistularia petimba*	肉食性	200.00	10～200	＋
潜鱼科Carapidae	蒙氏潜鱼	*Carapus mourlani*	杂食性	17.00	1～150	－
鲼科Myliobatidae	纳氏鹞鲼	*Aetobatus narinari*	肉食性	330.00	1～80	＋

注：？表示未知；－表示仅见于历史记录；＋表示为偶见种；＋＋表示为常见种；＋＋＋表示为优势种。